내 아이의 평생을 결정 짓는
R.E.P.D 육아법

내 아이의 평생을 결정 짓는 R.E.P.D 육아법

초판 1쇄 발행 ㅣ 2017년 11월 30일

지은이 ㅣ 김은수
펴낸이 ㅣ 공상숙
펴낸곳 ㅣ 마음세상

주 소 ㅣ 경기도 파주시 한빛로 70 507-204

신고번호 ㅣ 제406-2011-000024호
신고일자 ㅣ 2011년 3월 7일

ISBN ㅣ 979-11-5636-180-0 (03590)

원고 투고 ㅣ maumsesang@nate.com

ⓒ김은수, 2017

* 값 13,500원

* 마음세상은 삶의 감동을 이끌어내는 진솔한 책을 발간하고 있습니다. 참신한 원고가 준비되셨다면 망설이지 마시고 연락주세요.

국립중앙도서관 출판예정도서목록(CIP)

내 아이의 평생을 결정 짓는 R.E.P.D 육아법 / 지은이: 김은수. – 파주 : 마음세상, 2017
    p. ;   cm

R.E.P.D는 "Reading, Ethics, Patience, Diary"의 약어임
ISBN 979-11-5636-180-0 03590 : ₩13500

육아[育兒]

598.1-KDC6
649.1-DDC23   CIP2017031459

내 아이의 평생을 결정 짓는
R.E.P.D 육아법

김은수 지음

마음세상

어떤 전문가보다
훌륭한 부모역할의 길잡이

지금 대한민국 부모들은, 특히 엄마들은 불안과 걱정 속에 살아간다. 아이의 문제도, 부모의 문제도 아니다. 일부 상류층의 일탈적인 부모역할 모델이 전국의 모든 학부모들을 지배하고 있기 때문이다. 누가 더 빨리, 더 많이 사교육을 시키는지 경쟁하느라 정신을 차리기 어렵다. 사실 경제력을 주무기로 사용하는 상류층 부모들은 조기교육으로 나이를 무시하고, 선행학습으로 학년을 파괴하는 방식이 훨씬 유리하다. 부모 주도의 관리전략으로 승부하려고 한다. 하지만 아무리 뜯어봐도 아이의 주도성을 빼앗는 상류층의 자녀교육 방식은 위험천만한데 문제는 대세를 장악하고 있기 때문에 공동체가 해체된 상황에서 부모 개인만의 노력으로 독자노선을 가기가 너무 어려워졌다는 사실이다. 아무리 훌륭한 부모라도 주변 부모들의 시선을 의식하지 않고 자기 소신과 아이를 믿고 가기가 거의 불가능에 가까운 상황에서 이 책은 빛나는 길잡이가 아닐 수 없다. 나는 원고를 읽으면서, 모두가 희망을 잃고 친일파가 됐지만 끝까지 독립운동을 포기하지 않고 분투하다가 해방의 순간을 맞이하는 기쁨을 느꼈다. 나는 지금 중산층 학부모들의 독립운동을 하고 있다. 이제는 대치동 엄마 코스프레를 멈추고 부모와 아이 모두 오늘 행복하고 내일이 희망적일 수 있는 새로운 길을 열기 위해 노력하고 있다. 그래서 이 책의 저자 김은수 씨를 만난 건 나에게 큰 행운이다. 천군만마를 얻은 기분이다. 이 책은 그냥 한 번 보고 말 책이 결코 아니다. 부모로 살아가면서 가치관에 혼란을 느낄 때, 방향을 잃어 혼란스러울 때뿐만 아니라 구체적인 문제해결이 필요한 순간마다 훌륭한 지침을 줄 것이다. 저자 김은수 씨의 삶을 코스프레하면 어떨까. 최소한 지금보다는 훨씬 훌륭한 부모, 믿음직한 아이를 만나게 될 것이다.

'대한민국 엄마 구하기' 저자 **박재원**

들어가는 글

어린 시절 저는 흙에서 하는 소꿉놀이를 정말 좋아했습니다. 몇 날 며칠을 해도 또 하고 싶었지요. 친구와 헤어지기 싫어 늘 아쉬워하며 헤어지곤 했던 기억이 납니다.

예나 지금이나 어린 시절엔 나이가 한두 살 차이가 나도 친구 못지않게 잘 어울려 놀았던 거 같습니다. 정확히 기억이 나진 않지만 이웃집 그 동생은 3살 정도 어렸을 것입니다.

그날도 어김없이 그 동생과 다른 아이와 저는 소꿉놀이를 하자며 놀러 갔습니다. 그때 이웃집 동생이 '백설공주'와 '신데렐라' 책이 있다며 자랑을 하는 것이었습니다. 집에 이렇게 재밌는 동화책이 있다니? 한 권의 동화책도 없었던 저는 믿어지지 않았습니다.

학교나 도서관에만 꽂혀 있는 것인 줄 알았던 책이 집에 있다니. 부러워서 눈물이 날 것만 같았습니다. 한 권이라도 좋으니 책을 읽게 해달라고 애원하다시피 부탁을 했습니다. 그 자리에서 바로 읽기 시작했습니다. 한 번 더 애원해서 여러 권의 동화책을 옆에 갖다 놓고 흙바닥에 앉아서 읽어댔습니다.

친구들은 책 읽기를 그만두고 소꿉놀이를 하자고 소리를 쳐댔습니다. 대답할 시간도 아까워 대답하지 않았습니다. 점점 그 소리도 멀어져가는 것을 느끼며 상상의 나래를 펼치고 책을 읽었지요. 작은 시골 아이는 그렇게 책과 사랑에 빠져버렸습니다.

그때였습니다. 언제부터 오기 시작했는지 어둠이 내리기 시작했습니다. 마지막이라 생각하고 애원해 보았습니다. 그 책 주인 동생에게 빌려 갈 수 있냐고 물으니 절대로 안 된다는 대답이 돌아왔습니다. 나는 더욱더 다급한 마음으로 글자를 읽어 내려갔습니다. 어둠이 내리는 묵직하면서 울리는 듯한 소리를 그때 난생처음 들었던 기억이 납니다. 그 때 읽었던 책 제목도 내용도 기억은 나지 않고 오직 어둠이 내려앉았던 소리와 뒤섞여 어둠에 쫓기는 내 가슴이 쿵쾅거리는 소리만 오로지 기억에 남아 있습니다.

그 작은 시골 아이는 어느새 두 아이의 엄마가 되었습니다. 그녀보다 훨씬 더 책을 좋아하는 아이로 키우며 즐거운 비명을 아침저녁으로 마음속으로 내지르고 있습니다.

그 후로 계속 책을 좋아하진 않았습니다. 계속 좋아했다면 남부럽지 않게 살고 있을지도 모를 일이지요. 전 보통 학생들처럼 책을 멀리하고 공부도 좋아하지 않았습니다. 그냥 큰 목적이나 방향조차도 없이 살아 왔던 게 더 사실에 가깝겠네요.

다시 이 기억을 되짚으며 책을 잡은 건 큰아이 희망이를 갖게 되면서 부터였습니다. 희망이는 결혼과 동시에 찾아온 기쁨보다는 놀라움이었습니다. 아무런 준비가 되지 않은 상태여서 엄마가 된다는 것이 미안하기도 하고 뭐가 뭔지 하나도 몰랐던 신혼 시절이었습니다. 입덧이 끝남과 동시에

EBS '부모'라는 프로그램을 매일 시청하기 시작했고 동시에 푸름이 닷컴도 알게 되었습니다. 그때부터 육아서를 읽기 시작했습니다. 육아서를 읽다 보니 자신감이 생기기 시작했습니다. 어서 빨리 희망이를 만나기를 학수고대하며 하루하루 태교에도 열심이었습니다.

그렇게 희망이를 만나고 태어난 지 30일이 지나고부터 그림책을 매일 읽어주기 시작했습니다. 그리고 3년 뒤 둘째 복덩이가 태어났지요. 누나 덕분에 태교는 저절로 거의 동화책으로 했습니다. 그 덕에 희망이, 복덩이는 책을 꽤 좋아하고 즐기는 아이들로 자라고 있습니다.

학교 시험을 치고 나면 희망이 친구들이 자꾸만 "너 학원 어디 다녀?" 하며 묻는다고 합니다. 그러나 학원은커녕 학습지 공부하나 하지 않기에 안 다닌다고 하면 "그런데 어떻게 그렇게 잘해?" 하며 또 묻는다고 합니다. 그때 과연 희망이는 뭐라고 대답했을까 궁금함을 참지 못하고 물어보니 "내가 잘하는 건지 모르겠는데……." 그런 겸손한 말로 넘겼답니다. 그때 옆에 같이 가던 친구 말이 "원래 진짜 공부 잘하는 애들은 학원 안 다니고 자기 주도 학습하잖아." 라고 했답니다.

그래서 희망이가 집에서 학교공부는 손도 대지 않으니 살짝 마음이 불편했다고 합니다. 친구들이 인정을 해주니 날아오를 듯한 기분은 집에 와서 마음껏 풀어 헤치더라고요.

그러던 어느 날 교육청 영재원 선발이 있었습니다. 도전해보고 싶다기에 말리려다가 허락해 주었습니다. 초1부터 영재원 준비한다고 Y 학원이며 영어 학원, 수학 과학학원에 다니는 많은 아이들도 떨어진다는 이야기를 들은 적이 있었습니다. 영재원을 준비해 본 적이 한순간도 없었기에 되진 않을 것 같지만 경험이라도 해 보라는 차원에서 허락했습니다.

1차 영재성 검사에서 통과되더니 2차 시험도 통과, 3차 시험까지 모두 통과하여 결국 합격이라는 결과를 받게 되었습니다. 그리고 즐겁게 영재원 교육을 잘 배우고 있습니다.

우리 아이들은 아직도 가야 할 길이 멀기도 하고 험하기도 합니다. 함께라면 덜 험하고 덜 힘들지 않을까요?

제가 잘나지도 않은 제 아이의 육아 경험을 풀어 놓는 이유는 하나뿐입니다. 굳이 많은 돈을 들이지 않아도, 밤 10시까지 어린 초등학생을 학원으로 돌리지 않아도 남부럽지 않게 잘 키울 방법을 함께 나누고 싶어서입니다. 아직 저학년이나 입학 전 부모님이라면 생각할 겨를도 없이 제가 소개한 방법들을 적용해 보면 좋겠습니다. 그리고 고학년 부모님도 절대 늦지 않았으니 참고해서 부모도 아이도 좀 더 행복한 하루를 살았으면 합니다.

바르게 가는 것이 가장 빠른 길임을 희망이가 영재원에 합격하는 것을 보고 깨달았습니다. 인류와 사회에 보탬이 되는 사람이 되도록 키우는 것이 엄마의 소망인 것을 희망이는 알고 있을까요? 가난한 이를 기꺼이 살리는 의사가 되어 글도 쓰고 싶다고 합니다. 이해 못 할 행동과 말로 폭소를 터트리게 하고 당황하게도 만드는 둘째 복덩이도 하루가 다르게 몸과 마음이 자라고 있습니다. 어느 순간 누나를 추월할 듯한 기세를 보이는 복덩이, 동생한테만큼은 멘토가 되겠다는 희망이, 두 아이의 이야기를 시작하고자 합니다.

제4장 인내 (Patience)

제5장 일기 (Diary)

제1장
R.E.P.D 육아법에 대하여

R.E.P.D 육아법의 개요

요즘 젊은 어머니들은 책과 신문 또는 TV, 인터넷을 통해 육아법에 대해 잘 알고 있다고 자부한다. 그래서 어른들과 의견대립을 하거나 마찰을 빚기도 한다. 물론 대중매체를 통한 육아법이 옳은 경우도 있으나 어른들의 육아법이 틀렸다고 받아들이면 안 된다.

예나 지금이나 수천 수백 가지의 육아법이 존재한다. 어쩌면 지구상에 어머니의 숫자만큼 많이 육아법이 존재할 지도 모른다.

나 역시도 먼저 자식을 훌륭히 키운 분들의 육아법을 따라 하기 위해 그분들이 써낸 책을 수없이 읽었다. 100권 넘게 읽은 것까지만 기억이 나고 그이후론 세지 않았다. 몇 권을 읽는다는 건 중요하지 않다. 아이가 중학생이 되어도 여전히 읽고 있다는 것이 백배는 중요하다고 생각한다.

핀란드 육아법, 프랑스 육아법, 전통 육아법, 독서 육아법, 놀이 육아법 등 온갖 육아법이 넘쳐나는 이유가 이 세상에 수많은 육아법이 존재하고 그 무엇이 가장 옳은 정답이라고 할 수 없기 때문이다. 그래서 세상에 나의 'R.E.P.D 육아법'도 당당히 내밀어 보려 한다.

대부분의 육아법은 이름만 봐도 대충 알만한데 R.E.P.D육아법은 듣도 보도 못한 육아법이라 생소하게만 느껴질 것이다. 하지만 이 REPD육아법은 어렵지도 힘들지도 않다. 지금 중학생이 된 희망이와 초4학년 복덩이를 키운 육아법이다.

둘을 키워보니 딸과 아들은 정말 성별부터 성향까지 아니, 머리끝부터 발끝까지 다 다르다고 해도 과언이 아니다. 하지만 나는 싫든 좋든 엄마가 되었고 아이에게 엄마는 온 세상 전부이고 신과도 같은 존재로 믿고 자란다는 걸 알게 되었다. 난 좋은 엄마가 되려고 하나씩 하나씩 갖추어 나가려고 노력했다. 지금도 여전히 갖추어 나가고 있는 중이다.

아이를 잘 키우는 데 있어 가장 토대가 되는 것 중, Reading은 두말하면 잔소리다. 나 역시도 책을 읽으면서 이 R.E.P.D 육아법을 고수해 왔기에 가장 우선 순위에 두는 것이 책이다.

그리고 Ethics다. 즉, 윤리다.

육아의 시작과 끝은 가정이라고 하는데 누구도 부정하지 않을 것이다. 하지만 오늘날에는 맞벌이 등의 이유로 엄마는 아이를 따뜻하게 품어주는 대신 경제적으로 보상해 주고 있다. 비싼 학원, 좋은 옷, 먹고 싶은 음식 등 미안한 마음에 경제적으로 풍족하게 키운다.

내가 어린 시절, 내 어머니는 집에서 날 기다리며 간식을 챙겨주거나 따뜻한 보살핌이 있었던 적이 별로 없었다. 오히려 그 시절에 친구들의 어머니가 훨씬 더 부러웠던 적이 많았다. 하지만 이제 와 생각해 보니 나의 부모님은 열심히 일하시고 번 돈을 아낌없이 자식에게 사용하는 것이 아니라 더 필요한 곳에 쓸 때를 대비해 아끼고 또 아껴 놓으셨다. 그렇게 아낀 돈은 결국 아들, 딸이 결혼할 때 전세라도 마련해 주시고 혼수라도 장만해 주셨다. 이것이 대부분 우리 부모님 세대의 가정이었다. 하지만 열심히 살아가는 부모님을 원망할 수 없었다. 아침부터 밤까지 부모님도 열심히 사시는데 툭하면 뭘 사달라고 조를 수 있는 처지가 못 되었다. 바보가 아닌 이상은.

오히려 밤늦도록 돌아오지 않는 부모님을 위해 쌀을 씻어 앉혀 부모님을 놀라게 한 것이 오늘날 나와 같은 엄마들이다. 그렇게 눈 코 뜰 새 없이 바쁜 중에도 자식에게 공부하라고 윽박지르거나 1등 하면, 올백 맞으면, 무엇을 사준다고 흥정을 한 적도 없으셨다. 그냥 온전히 있는 그대로를 사랑해 주시고 받아들이셨다.

윤리와 육아는 가정에서 시작되고 가정에서 끝난다는 것을 기억하자.

R.E.P.D 육아법의 하나인 Patience! 한글로 바꾸면 인내다.

괴로움이나 힘든 것을 참고 이겨내는 것을 말한다.

사랑하는 자녀를 키우는 데 있어서 인내심을 요구하는 일이 얼마나 많았던지 머리로는 기억할 수조차 없다. 임신 사실을 알게 되면서 시작된 입덧부터 시작해 출산의 고통을 참고 이겨내야 했다. 낳기만 하면 고통은 끝인 줄 알았더니 그것이 시작이었다.

모유 수유를 힘들게 이겨내고 나니 밤에 수십 번 깨서 젖을 물려야 하고 밤낮이 바뀌는 건 예사로운 일이었다.

부모가 되어야 어른이 된다는 말은 괜한 말이 아니었다. 하지만 이렇게 소중하고 귀한 나의 딸과 아들도 부모가 될 텐데 인내의 그릇을 키워놓아야 하겠다고 생각했다.

해를 거듭할수록 육아에서도 부모의 인내와 자녀의 인내는 상당한 위력을 발휘했다. 참고 견디는 것을 습관처럼 할 때는 인내를 하는 것인지 뭔지도 모르고 지나갔다. 조금만 게으름을 피우면 드러눕고 싶고 일기도 한 줄도 쓰기 싫었던 적이 있었다. 그때마다 참고 견디는 엄마의 뒷모습이 아이들에게 훗날 회자하는 일이 있을 것이라 믿고 의연히 이겨냈다. 처음에는 힘들지만 반복해서 하다 보면 습관이 되어 이것이 인내인지 뭔지 나 자신도 모른다. 그냥 생활이 되어 있다.

R.E.P.D 육아법 중 마지막이 Diary (일기)다.

육아법을 운운하는데 왜 일기냐고 묻고 싶은가?

호랑이는 죽으면 가죽을 남기고 사람은 죽으면 이름을 남긴다고 하지 않았던가? 이름은 어떻게 남기는지 생각해 보았는가? 책을 읽고 윤리를 지키며 인내해서 적으면 이름이 남는다.

책을 읽는 사람은 많이 있다. 하지만 제대로 읽으면 쓰게 된다.

이미 학교에서는 수업에 변화의 바람이 불고 있다. 시험은 객관식에서 주관식이 아닌 서술형으로 바뀐 지 몇 해째다.

서술형 100%라고 하면 두려워 논술학원부터 수소문할 필요가 없다. 초등학교 1학년부터 꾸준히 일기 쓰기를 하면 된다. 일기 쓰기 하나면 학교생활의 어려움을 거의 다 해결해 준다. 책을 열심히 읽은 경우에도 서술형을 어려워하는 아이들이 더러 있다고 한다. 일기 쓰기를 너무 예사로 생각해서 그렇다.

희망이와 복덩이는 초등학교 1학년부터 그림일기를 시작해 지금까지 매일 일기를 쓰고 있다. 서술형이 아니라 서술형 할아버지가 나온다고 해도 '어쩌지?' 하는 두려움이 없다. 의견을 쓰는 것에 대한 거부반응이 있을 리 없다. 하루도 빠짐없이 오늘을 돌아보고 일기 쓰는 일을 밤마다 하고 있으니 귀찮기는 하겠지만 힘들어하지는 않는다.

쓰는 귀찮음보다 얻는 이로움이 수십 가지가 되는 것을 지켜보면 일기는 더 이상 개인의 메모를 넘어선다고 할 수 있다. 생각했던 것보다 자녀교육에 디딤돌이 된다.

이렇게 R.E.P.D 육아법으로 자녀를 키우게 되면 비싼 사교육 없이도 남부럽지 않게 키울 수 있다고 자신 있게 말할 수 있다.

왜 R.E.P.D 육아법인가?

왜 R.E.P.D 육아법일까?

R.E.P.D 육아법이 아니면 아이를 잘 키울 수 없을까?

물론 R.E.P.D 육아법이 아니라도 아이를 잘 키우고 싶다는 마음이 간절하다면 가능한 일이다. '잠수네'를 알게 되고 따라 한다고 100% 똑같이 할 수 없고, 푸름이처럼 똑같이 따라 할 수 없는 노릇이다. 세상의 모든 아이는 다르고 그 엄마조차 다르므로 똑같이는 할 수 없다. 그러면서 안타깝게도 포기해 버린다.

"그럼 그렇지. 난 안 돼. 난 못해."

또는 아무 죄도 없는 애한테

"넌 왜 안 되느냐? 다 된다는데 넌 왜 그런데?"

하며 자신을 볶거나 애를 잡는다.

그럴 시간에 차라리 나의 강점과 아이의 강점을 잘 파악해야 한다. 우리는 우리에게 맞는 방법이 있으니 그걸로 가면 된다.

우리나라의 가창력이 뛰어난 가수가 얼마나 많은가? 똑같은 노래를 똑같이 부르는가? 아니다. 다 다르다. 너무 다르다. 육아도 그와 같다.

그렇게 나의 R.E.P.D 육아법도 듣고 푸름이 부모님 육아법도 듣고 잠수네 육아법, 하은맘 육아법까지 나의 육아가 제대로 잡히고 나올 때까지 포기만 하지 말란 얘기다. 오늘부터 포기는 겨울에 김장할 때 사용하도록 다짐하자.

나는 결혼 15년차이고 육아 14년 차다. 육아 전문가라고 해도 손색이 없다고 자부할 할 만큼 육아에는 자신이 있다. 또 그 육아로 인해 삶이 바뀌었다.

모든 분야에서 3년 정도 하면 제법 할 줄 안다고 인정해 주고 10년을 하면 전문가로 인정하는 세상임이 분명하다. 그렇다면 육아도 10년이 넘으면 육아 전문가로 인정받아야 마땅하다.

특히 R.E.P.D 육아법으로 아이들을 키워 왔으니 예체능을 제외한 사교육비는 영어를 포함해 1만 원도 들이지 않았지만 희망이와 복덩이는 무럭무럭 잘 커가고 있다.

독서만이 최고이고 정답이라고 부르짖는 부모나 교육전문가들도 많이 있다. 진정한 독서를 하게 되어 책속에서 깨달음을 느끼면 굳이 R.E.P.D 육아법이 아니라 독서육아법으로 키웠다고 했을 것이다. 하지만 책을 읽기도 전부터 이것만큼은 강조하고 부모가 줏대를 잡고 육아를 시작한다면 독서도 윤리도 인내도 일기도 쉽게 가는 육아가 된다. 분명하다.

선순환의 고리를 시작하는 것이 독서이다.

독서를 하게 되면서 따뜻한 이야기, 가슴 아픈 이야기, 새로운 이야기를 읽으며 사람으로 또는 자식으로 학생으로 어떻게 살아가야 할지 생각도 길러낼 줄 안다. 함께 독서를 하는 부모 역시도 살아가는 세상을 대하는 자세와 태도를 몸소 보여 주어야 한다.

그 무엇보다 중요한 것이 윤리의식이라고 알려주어야 세상이 좀 더 살기 좋은 곳으로 바뀔 것이다. 나만 운전을 잘한다고 사고가 안 나는 게 아니듯 육아도 마찬가지다. 책을 아무리 많이 읽고 영어를 잘하고 수학을 잘하는 영재라고 하자. 함께 만나서 공부하는 친구들이 책보는 친구를 좀생이나 잘난척쟁이로 비웃고 늘 욕을 입에 달고 산다면 영재라도 무슨 소용이 있겠는가? 하루에 6~8시간 학교에서 함께 지내는 친구들이 대부분 그렇다면 문제는 심각하다. 아무리 책을 많이 읽어도 현실과 동떨어진 괴리감에 오히려 역효과가 나지 않을까? 그래서 부모들은 내 아이만 잘 키우면 된다는 생각을 버려야 한다. 옆집, 뒷집 모든 아이를 내 아이가 잘 되기를 바라듯 바라보아야 한다. 잘 되는 그 아이들이 모두 친구가 되면 서로 윈윈하는 상생구조가 되는 것이지 않은가? 어느 아파트에 살고 부모가 무슨 차를 타고 다니는 것으로 친구를 기준 삼는, 수준 낮은 부모가 되지 말아야 한다. 육아뿐만 아니라 죽을 때까지 반드시 생각하고 실천해야 하는 것이 윤리다.

희망이가 1학년 때 학교로 상담을 하러 갔다. 대뜸 선생님께서 요즘 정말 보기 드물게 가정교육이 잘 되어 있다고 하셨다. 선생님은 특별히 칭찬을 잘 하지 않는다는 후문이 있어 별 기대를 안 하고 갔다. 그런데 희망이가 인성이 바르다며 칭찬해 주시니 몸 둘 바를 몰랐다. 이런 경험은 하루도 빠짐없이 하고 싶은 경험이 아니던가?

그땐 정말로 초등학교 때는 공부를 잘한다는 말보다 아이가 바르게 생활한다는 말을 듣겠다는 일념으로 키웠다. 집에서 아이들에게 주입을 했는데 1학년 4월에 그런 말을 들으니 하늘을 날 것만 같았다. 그리고 더욱더 바른 아이로 키우고자 애썼다.

아이들은 대부분 참을성이 없다. 하지만 아이니까 아직 어리니까 하고 내버려 두다간 큰 코 다친다. 한글 떼기, 영어 알파벳, 수학은 미리 미리 시키고 안 되면 학원까지 보내는 게 현실이다. 왜 참을성을 기르는 인내는 미리 미리 못 가르치는가? 정말 어릴 때 하면 안 되는 일인가?

어릴 때 참지 못하던 것을 15살이 되면 참는가? 그 인내심은 언제부터 기르도록 해야 하는가? '세 살 버릇 여든까지 간다'는 말이 있듯이 말귀를 알아듣는 세 살부터 인내심을 기르도록 가르쳐야 한다. 참지 못해서 벌어지는 사회를 보면 상상을 초월할 정도다. 하지만 학원 하나 더 보내려고 안간힘을 쓰는 만큼의 절반 아니 3분의 1이라도 자녀의 인내심을 기르는데 주안점을 두는 육아를 한다면 세상은 훨씬 살만해질 것이다.

매일 자신의 하루를 돌아본다는 것은 거창하고 위대한 일이다. 어쩌면 책을 읽는 행위보다 더욱 중요하다. 하얀 종이에 오늘 배운 새로운 사실을 쓴다든지 느꼈던 슬프거나 기쁜 감정을 쓰면서 자신을 성찰하는 일은 자존감을 높여준다. 그리고 표현력이 길러지고 문장력이 길러진다. 이 실력은 그대로 학교 공부로 이어져 준비된 학생이 된다.

책도 부모가 먼저 읽어야 하듯 일기 쓰는 모습도 부모가 먼저 보여주면 아이들이 큰 거부반응 없이 쓰게 된다.

그날 있었던 일들을 바쁜 부모님께 말하지 못하고 지나치는 경우가 있다. 하지만 일기 쓰는 습관이 잡혀서 일기장에 그때 있었던 일을 기록해 놓은 것을 나중에라도 보면 그 이야기를 주제로 대화할 수 있고 상처가 있다면 보듬어 주어야 한다. 하얀 종이에 자신의 감정을 풀어 놓았다는 이유만으로 마음이 훨씬 가벼워지는 것을 느낄 것이다. 그러면 외롭거나 쓸쓸한 감정을 가득 쌓아두지 않아도 된다. 엄마가 바쁜 맞벌이 부부라면 더욱 자녀에게 일기 쓰는 습관을 기를 수 있도록 심혈을 기울여보자.

세상에 공짜는 없다. 쉽게 습관들이지 못한다는 뜻이다. 하지만 산고의 고통보다는 쉽다는 게 내 경험의 결론이다.

자녀를 사랑한다면 할 수 있다. 그리고 나 자신을 사랑한다면 더욱더 잘할 수 있다. 나를 사랑하기 위한 첫 번째 실행이 일기쓰기다.

일기를 쓰는 부모라면 무슨 말인지 잘 알겠지만 쓰지 않는 사람은 도대체 해야 할 게 왜 이리 많으냐고 성화를 낼 게 뻔하다. 안 봐도 안다.

수능시험 준비보다 작다. 독서, 윤리, 인내, 일기 딱 네 가지만 하면 아이를 훌륭하게 키울 수 있다. 수능 준비까지도 다 된다. 이제 인성도 시험 치는 세상이다. 윤리나 인내를 우선순위에 두지 않고 늘 영어, 수학만 우선 순위에 두니 끔찍한 일이 꼬리를 물고 뉴스에 등장한다.

　우리는 선조들에게 물려받은 문화유산과 많은 것을 후손들에게 잘 보존해서 물려주어야 한다. 나는 거기에 하나 더 보태고 싶다. 내가 낳은 자식을 손색이 없을 정도로 키워 내 손자의 부모로 자리매김하도록 키우고 싶다. 쉽게 말해 희망이 복덩이를 좋은 부모가 되도록 정성을 다해 키우고 싶다는 말이다. 자주 볼 수 없는 나라의 자식이 되었건 사돈댁에 자식이 되었건 다 좋다.

　내 자식들과 친구들, 많은 아이가 누군가의 성공을 돕는 사람이 되면 좋겠다. 그 아이들이 좋은 부모가 되어 육아 즉, 자녀교육에 관해서 할 말이 무척 많은 부모가 되기를 그저 바랄 뿐이다.

흔들리지 않는 삶을
결정 짓는 요소

1년 전 일이다. 큰 아이가 초등학교 전교 회장이 당선되고 얼떨떨한 기분을 한 채 하룻밤을 보냈다. 지난달 생리량이 과하게 많다 싶었는데 생리인지 출혈인지 구분이 안 될 정도의 피를 쏟아냈다. 무서웠다. 피라면 원래 코피만 봐도 싸움에서 이겼다고 할 만큼 무서운 액체 아닌가. 여자로 태어나서 살아본 사람이면 다 알 것이다. 아이를 둘이나 출산했음에도 불구하고 몸의 신호가 왔을 때만 찾는 곳이 산부인과라는 것을.

나 또한 임신이 아닌 상황에서 처음으로 산부인과를 찾아간 케이스였다. 그래도 왠지 큰 병은 아닐 것만 같아 동네 작은 산부인과를 갔다. 의사 선생님께서 내게 물었다.

"이게 뭐예요?"

선생님의 얼굴이 꽤 심각했다.

"네? 제 똥배요?!"

"이게 살인 줄 알았어요?"

"아닌가요?"

초음파를 보시고는 더욱더 심각한 표정과 한숨을 섞어서 말씀하셨다. 자궁에 혹이 있는데 사이즈는 잴 필요도 없을 정도로 크다고. 혹이 자궁보다 크단다.

드라마나 영화를 보면 이쯤 되면 이런 질문이 나가긴 하더라. 그래서 나도 물었다.

"혹시 암인가요?"

"암이 문제가 아니에요. 아직 젊어서……. 일단 진료의뢰서를 써 줄 테니 지금부터 물도 마시지 말고 큰 병원으로 가보도록 하세요. 지금 당장!"

다른 설명이 더 있었겠지만 여기까지만 들렸다. 그다음 말부터는 아무소리도 들리지 않았다. 거짓말처럼 두 눈에선 눈물만 소나기 내리듯 흘러내렸다.

죽음에 대한 공포가 실감 나는 순간이었다. 슬픔도 외로움도 기쁨도 아닌 두려움에 대한 눈물은 처음 흘려 보았다. 난 내가 두려워하는지도 몰랐다. 몸이, 나의 눈이 먼저 반응을 했다. 이제 와 보니 그건 죽음이 두려워서 나는 눈물이었다. 소나기처럼 줄줄 흘러내리는 비 같은 눈물은 처음이었다.

'왜 내가? 왜 하필 내가? 온몸에 전이라도 되었단 뜻인가? 그럼 1년도 못 살 수도 있겠네? 그래서 그해 여름에 온몸이 그리도 시리고 추웠단 말인가? 여름인데도 양말을 신지 않으면 발이 시려 견딜 수가 없더니.'

하지만 아이들에게 눈물을 보일 수 없었다. 무슨 말을 어떻게 해야 할지도 정리가 안 되었다. 감정을 다 추스르려고 병원에 갔다 오면 세탁물을 들고 세탁소애 갔다. 그리고 작은 아이 학교 준비물도 샀다. 그땐 그 기분이었다. 이게 마지막이 될지도 모르는데 준비물도 챙겨놓고 옷가지도 세탁소에 맡겨야 한다고.

남편과 서울의 큰 병원에 가기 전 부산에 암을 잘 치료한다는 병원에 들르기로 결정했다. 그렇게 하룻밤을 잤다. 놀란 친정엄마도 올라와 함께 밤을 보냈다. 이 사실을 다 알게 된 아이들은 처음에 눈물을 흘리며 나를 안았다. 무슨 일이 있어도 어떤 큰 병이라도 꼭 다 이겨내라고 용기도 북돋아 주었다. 하지만 나는 밤새 깨달았다.

'내가 만약 암이라도 걸려 온몸에 전이가 되어 곧 죽게 된다면 가장 슬퍼할 사람과 오늘 밤을 보내는구나. 하지만 나는 잠을 못 이루는데 내가 아닌 엄마, 남편, 아이들은 곤히 잠들었구나. 떠나는 사람은 떠나더라도 남는 사람은 또 행복하게 아무 일 없듯 살아야 하는 거구나.'

그랬다. 하나의 문이 닫히면 또 다른 문이 열린다고 했다. 이것이 삶이고 인생이었다. 그리고 나는 홀로 거실에 나와 머릿속을 정리했다.

누구나 이런 상황에선 그럴 것이다. 남편보다 아이들이 먼저 떠올랐다. 아직 인생의 3분의 1도 채 못 살아낸 두 아이. 내가 병원으로 가서 투병만 하다가 돌아오지 못한다면 어떻게 하나?

책 읽기는? 학교생활은? 곱게 지키고 가꾸어야 할 성품은?

그런데 그 와중에도 집에 꽂혀 있는 책들을 쭉 둘러보니 안심이 되었다. 그뿐만 아니라 굳이 내가 아니어도 어린 시절부터 주고받았던 수백 편의 편지와 일기장 댓글들이 늘 내가 곁에 있는 것처럼 느끼게 될 것이라고 확신이 섰다.

매일 아침 읽고 필사했던 명심보감과 논어를 내가 없어도 가끔 찾아 읽겠지. 그리고 분명 마음이나 머리가 복잡한 날은 고전을 찾아 써 내려 갈 것이라고 믿으니 인성도 크게 걱정이 되지 않았다.

혹이 자궁보다 크고 암이라면 온몸에 전이가 되어 살기가 어려울지도 모르는데 거짓말처럼 마음이 편안해졌다.

나 꽤 열심히 살아왔네. 남편하고 싸우기도 많이 하고 시댁 때문에 힘들고 외로운 적도 많았던 나였다. 그래도 곧 죽을지도 모르는데 자식 걱정이 안 되니 잘 살아온 것 아닌가 하는 생각이 들었다.

그때 절반 정도 썼던 이 원고가 생각이 나면서 1년은 꼭 더 살고 싶다고 생각했다. 이 원고를 마무리해서 책을 한 권 마무리 지을 시간은 주셨으면 했다.

물론 결론적으로 내게 1년보다 더 긴 시간을 주셨다. 다행히 암이 아닌 흔히 30~40대 여성들에게 생기는 자궁근종이었다. 수술만 하면 간단하게 치료가 되었다.

이 글을 완성해서 책으로 마무리 짓지 못한 아쉬움이 아주 컸기에 끝까지 매달리고 완성하는 중이다.

내가 6개월 뒤에 죽는다고 해도 아니 1주일 후에 죽는다고 해도 흔들리지 않는 삶을 결정짓는 요소는 다른 그 무엇도 아닌 굳건한 믿음이다.

자식 둘을 낳아 오늘까지 기르면서 단 한 순간도 의심하지 않고 키웠다. 감사하게도 나 역시도 중학생정도 되면서 부모님께 가장 많이 들었던 말이

"알아서 해라" 였다.

이 짧은 한마디의 말에는 부모님께서 나를 믿어주시고 혹시 실수하더라도 묵인해 주실 거라는 의미였다. 나를 믿는단 말씀이셨다. 그 말씀을 들으면 어른 대접이라도 받는 기분이 들고 더욱 더 잘하고 싶고 더욱더 잘해야만 할 거 같아 시키지 않아도 의젓한 행동을 하고 싶었다. 부모님은 시골 분이라 표현에 많이 인색하시다. 사랑한다는 말씀조차도 한 적이 없으시니. 하지만 "알아서 해라" 라고 하시는 자식을 믿어주신 나의 부모님을 감사하게 여기고 자랑스럽게 생각한다. 그 기억이 나를 늘 성숙하고 성장하도록 하기에 나의 자식들을 키우면서도 적용했다.

이 아이들은 커서 뭐가 되어도 될 아이들이라는 것을. 그래서 자주자주 말해 주었다.

"너희들은 커서 뭐가 되어도 큰 인물이 될 건데 어릴 때 이런 행동은 조금씩 고쳐 나가야겠지?"

그렇게 말하고 아이들 눈을 바라보면 얼마나 진지해지는지 모른다. 자기 자신에 대한 신뢰와 자존감이 한껏 솟아오르는 게 눈빛으로 말해준다. 나 역시 이번에도 벼랑 끝에 내몰리는 상황에서도 믿음이 갔다. 남편은 재혼하든 홀아비로 살든 두 아이를 아주 잘 키워 낼 것이라는 믿음. 그리고 두 아이는 지금까지 엄마의 교육방식을 잘 알기에 크게 벗어나지 않고 잘 자라 줄 것이라는 믿음.

내가 낳은 내 자식을 향한 긍정적인 믿음이 내일 지구의 종말이 온다고 해도 한 그루의 사과나무를 심게 하는 것이 아닐까?

제2장
독서 (Reading)

엄마부터 책을 읽어라

희망이는 큰아이의 뱃속 이름이다. 나의 희망, 나아가 모든 사람, 인류의 희망 존재가 되도록 잘 자라주길 바라는 마음에서 그렇게 지어 불렀다. 그렇게 위대하고 큰 희망을 품으며 첫아이를 맞이하자 나는 엄마공부를 해야겠다는 결심이 섰다. 하지만 어떤 엄마를 따라 배우고 싶은지 주변에 둘러보아도 딱, '이렇게 해야지.' 하는 엄마는 없었다. 친정엄마와 시어머니께 죄송하지만 두 분을 본보기로 해서는 모두의 희망이 되는 재목으로 키우기는 어려운 일일 것 같았다.

그때 우연히 EBS 부모라는 프로그램을 접하게 되었다. 아기 발달 전문가 선생님의 조언을 귀담아 들으며 엄마공부를 시작할 수 있었다. 내게는 언니가 셋이나 있었고 셋 다 아이를 두세 명씩 키우고 있었지만 평범하게 키우는 언니들의 육아법을 따라 하고 싶지는 않았다. 나는 푸름이 닷컴 최희수

씨를 알게 되면서 엄마 공부가 더욱 날개를 달린 듯 날아오르기 시작했다. 그때부터 육아서를 읽기 시작했고 끊임없이 읽고 있고 앞으로도 읽을 것이다.

친한 친구와 비슷하게 첫아이를 임신했다. 친구 말이 하루는 유아교재 판매 직원과 얘기나누었단다. 귀가 팔랑팔랑해져서 백만 원에 육박하는 현금을 주고, 태어나지도 않은 아이의 책을 질렀다고 했다. 아기가 태어나면 집집이 전집 책 한질정도는 갖추고 있다. 갖추진 않아도 너무도 잘 알고 있던 유명전집을 내 친구도 샀단다. 영업사원한테 들었던 장점들을 일일이 말을 하며 아주 흥분했다.

'나도 살까?' 하는 생각이 순간 들었지만 이내 '아니구나. 사면 안 되겠구나.' 라고 단념했다. 100만 원이면 2, 3개월의 식비는 충분히 되는데 그것 없어도 아이를 잘 키울 수 있는 엄마가 되고 싶었다.

몇 개월 후 친구는 같은 회사제품 교구를 샀고 홈스쿨 수업을 하는 등 엄마놀이에 푹 빠지는 행복감을 맛보았다. 그런데 친구는 더 시간이 지나서 나에게 안 사길 잘했다며 후회했다. 나는 알 것 같았다. 제법 아이를 훌륭히 키워낸 육아서를 보면 어릴 때 유명전집을 읽은 덕분이라거나 고액 체험 비슷한 경험을 해준 사람은 드물다. 물론 새 책과 비싼 전집이 나쁘다는 말이 결코 아니다. 사 줄 수 있도록 넉넉한 형편이 아닌데 여기저기서 사니까 안 사주는 나만 나쁜 부모인 듯한 착각은 하지 말라는 것이다. 오히려 육아서에는 검소하되 성실함과 사랑으로 아이를 키운 사람들의 이야기가 훨씬 많았다.

우리 집은 그리 멀지 않은 곳에 시립도서관이 자리하고 있다. 그 도서관을 활용하고 온라인과 오프라인에 중고서점을 활용했다. 비싸고 좋은 책을 사준다고 좋은 부모는 절대 아니라는 것을 알기 때문이다. 자식을 실패로 이끄는 가장 빠른 방법은 자식이 원하는 것을 모두 해주는 것이라는 명심보감의 한 구절도 있다. 조금 부족하게 키우는 것이 나의 육아법의 첫째 원칙이다.

그때부터 육아는 종교나 정치와 비슷하게 분류되어서 간섭이나 충고는 하는 게 아니라는 것을 깨닫기 시작했다. 육아는 실수나 좌절을 겪더라도 포기하거나 타인에게 양보하지 않아야 한다. 수십 번 시도하고 도전하면서 아이도 부모도 커가는 것이다. 그렇게 실수와 좌절을 반복하다 보면 어느 순간 아, 이렇게 하면 잘 크겠구나 하는 확신이 드는 순간이 온다. 그때의 자신만의 육아법으로 소신을 지키며 가지치기도 하며 지켜나가면 된다.

내가 매년 100권이 넘는 육아서와 다양한 책을 읽으면서 나도 모르게 늘 책 읽는 모습이 아이들에게 비췄나보다. 희망이 복덩이는 돈을 많이 벌면 엄마에게 단연 책을 선물해 줄 거라는 말을 여러 번 했다. 아마 엄마는 책을 가장 좋아하고 책 읽을 때 가장 행복하다고 생각하나 보다. 이쯤 되면 사실 작전 성공이다. 책 읽는 뒷모습을 보이기 위해 억지로 책을 꺼내 읽는 척도 부단히 했더랬다. 정말로 그랬다. 딱 5분만 읽는 척 하자고 했던 나는 어느 순간 10분 넘게 읽고 있었고 곁에는 두 아이가 각자의 책을 가져와서 읽고 있었다. 그러면 작전 성공! 10분이 아니라 30분 정도 읽는다. 또 작은 아이가 지루해하는 것을 빨리 눈치 채고는 책을 받아서 읽어주면 다시 집중해서 들는다. 앉은 상태에서 1시간 정도는 독서가 이루어지는 셈이다. 이렇게 나는 아이가 저 자신도 모르게 독서광이 되도록 키우려는 마음이 컸다. 왜냐하면, 책을 읽으면 모든 것이 해결되기 때문이다.

글을 읽는 힘은 인내심을 기르게 하고 인성을 기르며 함께하는 것도 배울 수 있기 때문이다.

아이가 책을 읽지 않는다고 고민하고 속상해하며 엄마들이 많이 물어온다. 어떻게 하면 아이가 책을 많이 읽게 할 수 있냐고. 처음엔 자신의 아이도 책을 좋아하고 잘 보았는데 초등 고학년이 되고부터 책을 안 본다고 한다. 곧장 내가 질문을 한다. "혹시 엄마가 책을 읽으시나요?" 그러면 바빠서 읽을 시간이 없다고 하신다. 그리고 더 솔직하게 너무 읽고 싶은데 3장 이상을 못 넘기겠다고 고백하며 상담을 자청하는 분도 있었다. 고민하고 속상해하는 건 기꺼이 도움을 드리고 싶지만 포기한 듯한 말을 들을 때면 안타까움이 앞선다. 서른이 된 성인도 필요하면 독서광으로 변하기도 하는데 이제 겨우 11살 넘은 아이가 책을 안 본다며 포기하기엔 너무 안타깝고 어리석기도 한 일이기 때문이다. 책만 읽으면 조금만 더 책에 흥미를 갖도록 부모가 도와주면 꿈을 갖게 되고 이루기 위해 노력할 텐데 말이다.

책 읽는 습관이 들지 않아 힘든 분들도 아이만큼은 책을 좋아했으면 하는 마음이 있을 것이다. 아이가 책을 읽게 하려면 엄마가 책 읽는 척이라도 해야 한다. 맨 윗줄과 맨 끝줄을 천천히 의미 없이 읽되 넘기는 것이 읽는 척하는 것이다. 한쪽만 10분 동안 본다면 아이는 이내 엄마는 책을 보는 게 아니

라 그냥 펴놓고 있다는 걸 알게 될 것이다. 심지어 아이는 이 방법을 학교에서 하다가 선생님께 들키고는

"우리 엄마도 맨날 이렇게 해요."

소리를 하는 웃지 못할 일이 벌어질 테니까. 적당히 마치 정말 읽고 있는 듯한 모습을 보여야 한다.

경북 포항에서 농사를 짓는 분의 자식 3명이 모두 서울대를 갔다고 한다. 과연 어떤 비결이 있었을까? 그분은 매일 농기구와 함께 책을 손에 쥐고 들일을 하러 나가셨다고 한다.

그분은 과연 책을 읽으셨을까? 나는 당연히 읽었을 것이라고 주장한다. 보여 주기식도 하다 보면 어느 순간 읽게 되기에 좋은 습관이 좋은 사람을 만든다고 했던 것이 아닐까? 아버지께서 책을 들고 일터로 나가시는 뒷모습이 결국 자식 셋을 서울대로 보낸 교훈은 나의 가슴속에 큰 메아리가 되어 아직도 생생하다.

아버지가 아니어도 된다. 엄마가 자식에게 미치는 영향이 훨씬 커니까 말이다. 위인들의 말에는 늘 훌륭한 어머니 이야기가 많지 않은가? 이제 자식을 큰 인물로 키우고 싶다면 엄마가 먼저 책을 읽어야 한다. 당신도 자식이 감사해 할 훌륭한 어머니가 될 수 있다. 절대로 늦지 않았다.

나는 70이 넘은 시골의 어머니에게서 아직도 삶의 지침과 힘겨움을 견뎌 나갈 수 있는 인내심을 배우고 커가고 있다. 그러니 엄마 공부를 포기하지 말아야 한다. 잠시 힘들어서 넘어지는 건 괜찮다. 하지만 반드시 다시 일어나서 가야 한다.

어떤 책을 읽어야 할지 몰라서 책 추천을 받는 분들도 더러 계시는 걸 자

주 본다. 하지만 추천받은 책보다 자신이 끌려서 읽고 싶은 책을 읽어야 완독하게 되고 책장도 잘 넘어간다. 읽을 책이 없다. 또는 무슨 책을 읽어야 할지 모르겠다고 하지 말고 책을 읽어야 한다! 무슨 일이 있어도 한 달에 3권은 읽어야 한다고 결심부터 해 보자. 그러면 도서관이든 서점이든 자주 가 있는 자신을 발견하게 될 것이다. 나는 독서광이 되려고 달력에 책을 주문하는 날도 정해 둔다. 매월 5일과 25일 한 권이 되었던, 10권이 되었던 꾸준히 하는 것 또한 즐기는 만큼의 효과가 있기 때문이다.

책 읽는 환경을 만들어라

희망이가 4살이 되고 봄이 되자 복을 많이 타고난 아이 둘째 복덩이가 태어났다. 태명에서 느껴지는지 모르겠으나 남자아이였다. 태명대로 자란다고 하더니 복덩이는 복이 너무 많아 어디를 가도 보채지도 않고 늘 씽긋씽긋해서 모두에게 사랑받는 아이로 자랐다. 태어나기 전 누나에게 책읽어주는 소리를 하도 많이 들어서 그런지 복덩이도 책을 곧잘 읽고 좋아하는 분야도 뚜렷이 나타나고 있다.

책 읽는 환경이란 어떤 것일까? 당연히 책으로 환경을 꾸미는 것이다. 아주 사소한 것부터 하면 된다. 유난히 아이가 좋아하는 책의 독후 활동 작품을 전시 해 주는 것도 좋다. 엄마도 같이 결과물을 소중히 여겨줄 때, 책을 좋아하는 아이로 심지어 책 없이는 안 되는 아이로 자랄 것이다.

꼼꼼한 희망이는 그림 그리기도 좋아했다. 아이가 결과물을 가져오면 홀륭하다고 진심으로 칭찬하며 거실 벽에 붙여주곤 했다. 또 남편에게 살짝 오버하며 자랑하곤 했다. 그때 희망이의 표정을 보면 자존감이 자라고 있다고 이마가 반짝거리고 눈웃음으로 대신하곤 했다. 문제는 복덩이였다. 글씨 쓰기도 싫어하고 그림그리기는 친구들과 비교가 되고 학교에서 칭찬을 받아본 적이 없으니 자신은 그림을 못 그린다고 주눅까지 들어 있었다. 그리고 안타까운 것은 늘 그림이 크기가 너무도 작다는 거다. 가끔 결과물을 가져오는데 누나와는 달리 슬쩍 꺼내놓고 때론 가방 속에 그대로 두고 책상 위에 팽개쳐진 적도 있었다. 그때 살짝 오버하며

"와, 이거 뭐야? 누가 만들었어?"

하고 감탄을 해 주었다. 그러면 이내 표정이 환해지면서 자신이 만들었고 무슨 시간에 했으며 그때 있었던 이야기를 늘어놓았다. 그러기를 몇번, 그 후로는 어느 순간부터 결과물을 가져오면서 자랑하곤 했다. 그러면 어김없이 칭찬을 해 주었다. '솔직히 이거 뭐야?' 라는 생각이 들 때도 있었다. 정말로 뭔지를 몰라서 묻도록 작품성은 떨어지는 결과물을 매번 가져왔으니 말이다.

하지만 이 세상 전부인 엄마의 칭찬만이 우수한 여학생 친구 작품 사이에서 주눅 들지 않게 한다고 믿었다. 엄마의 전폭적인 관심과 칭찬만이 미술 시간에 학교에서 칭찬 한 번 듣지 않았을 내 아이의 마음을 보듬어주는 것이다. 또 다음 활동을 포기하지 않도록 하는 데 힘이 될 거란 걸 알았다. 역시나 복덩이는 내 믿음을 져버리지 않고 준비물이 있으면 적극적으로 준비하고 활동도 열심히 해 나가는 까불지만, 수업도 열심히 하는 남학생이 되어가고 있다.

우리 집에는 TV가 없다. 희망이가 4살이었고 복덩이가 돌이 되기 전부터였다. 남편과 의논하여 과감히 없앴다. 그때도 TV가 없는 집이 제법 많이 있었고 요즘에도 더러 있다고 알고 있다. 그러다 넣어 두었던 TV를 다시 꺼낸다거나 TV를 보기 위해 안방이 거실화되어 여전히 TV를 보게 되었다는 실패담도 여러 집 엿들었다. 남편도 TV를 좋아하지만 자녀교육을 위해 기꺼이 TV유선을 차단했다. 그리고 TV 대신 책 읽는 척을 시작해 준 것이 무척 감사하다. 자녀교육 철칙 중에 우스갯소리로 아빠의 무관심도 있었는데 나는 절대로 아니라고 주장한다.

아이를 키우는데 둘이서 키우는 게 쉬울까? 혼자 키우는 게 쉬울까?

자녀로 인해 인연의 끈이 더 단단해지는데 자녀에게 무관심하다면 둘이서 열심히 키우는 집에 비해 아이의 인성, 교우관계, 성적이 뒤떨어지는 건 받아들여야 할 것이다. 형편상 혼자 키우는 아이는 경우가 다르다고 할 수 있다. 아빠가 계신데 무관심한 것과 안 계셔서 홀로 최선을 다하는 것과는 많이 다르기 때문이다.

언제부터인가 외출할 때나 며칠 여행을 떠날 때도 어김없이 가방 속에 떡하니 자리 잡은 것은 아이들 책보다도 먼저 엄마 책, 아빠 책이었다. 어느 순간부터 가방을 챙기면 아이들이 알아서 아빠 책, 엄마 책, 자신들 책을 넣어가곤 했다. 그렇게 책 읽는 환경을 꾸준히 멈추지 않고 만들어 갔다. 집에서는 사실 책으로 인해

"책 때문에 못 살겠다."

소리가 수십 차례 나왔다. 복덩이는 정리가 익숙하지 않아 꺼내 보는 영

역도 누나보다 훨씬 넓은데 정리는 전혀 되지 않는다. 발에 밟히고 온 사방에 굴러다니기 일쑤다. 정리를 안 했다고 혼쭐을 내놓고도 마지막엔 칭찬이 나온다. 결국은 이렇게 많은 책을 읽었다는 증거이니 그건 참 감사한 일이라고 말이다.

거실에 책장을 들여놓고 도서관 분위기를 연출하는 집은 많다. 심지어 그런 집조차 아이가 책을 안 본다며 그 환경이 필요 없다고도 한다. 그 환경은 모든 전문가가 추천하는 책 읽는 아이로 자라게 하는 환경의 으뜸이라고 말하고 싶다. 단, 엄마, 아빠가 책 읽는 시늉을 하루에 5분, 10분을 해 주어야 한다는 거다. 아빠가 안 되면 엄마라도 하면 아이는 반드시 어느 순간 곁에 와서 읽을 것이다. 엄마가 두꺼운 책을 읽으며 가끔 화도 내고 울기도 하는 모습을 보면 TV와 똑같은 매체로 받아들이며 자신도 책을 보다가 울기도 하고 웃기도 하며 엄마 흉내를 낸다는 거다. 그리고 두 아이 방에 좋아하는 종류로 배치하되 몇 권은 꼭 읽었으면 하는 책 슬쩍 함께 꽂아두자. 피아노 위에도 몇 권, 컴퓨터 옆에도 두어 권 주방 근처에도 몇 권. 베란다까지 책을 두었다. 솔직히 우리 집에는 신발장 빼고 모든 곳에 책이 있다고 해도 과언이 아니다. 그래서 우리 집 대청소는 늘 책 청소가 된다. 청소하다가도 책에 빠져드는 것이 우리집이다.

이것이 우리 집의 책 읽는 환경이다. 육아를 하면서 환경은 정말 중요하단 걸 누구도 부인하지 않을 것이다.

허리가 아플 때 진료를 받으러 가는 병원 원장님의 학창시절 이야기를 들은 적이 있다. 공부를 아주 잘하지도 않았고 어릴 때부터 책을 많이 읽지는 않으셨다고 한다. 그러다 사춘기가 되면서 주로 모든 시간을 자신의 방에서만 지내게 되었다고 한다. 그때 컴퓨터도 없었고, 휴대폰도 없던 시절이었지만 방에서 공부는 하지 않았다고 한다. 하루는 빼곡히 꽂혀 있던 책을 그때부터 한 권씩 읽기 시작하셨다고 한다. 그다음엔 여기에 쓰지 않아도 당연히 다 아시리라 믿는다. 진료실 책상에 책이 항상 놓여 있으면 말 다 한 거 아닌가? 지금은 너무도 따뜻하고 실력이 뛰어난 내로라하는 외과 의사가 되어 수많은 환자의 쾌유를 이뤄내고 계신다.

책을 읽고 꿈을 이룬 사람은 따뜻한 마음이 함께 한다는 걸 체험할 수 있었기에 나는 내 아이 둘에게 늘 학교성적보다 책을 많이 읽도록 하는 환경을 지금도 만들어내려고 연구하고 모방하려고 애쓴다.

독서로 인생지도를 그려낸다

희망이의 꿈은 책을 쓰는 의사가 되는 것이고 복덩이의 꿈은 더 많은 사람을 행복하게 하는 기업가가 되는 것이다.

희망이는 가장 먼저 간호사가 되고 싶다고 했다가 선생님이 되고 싶다고 했다. 또다시 과학에 빠질 때쯤엔 몇 년을 우주인이 되고 싶다고 했다가 지금은 가난해서 진료도 받지 못하는 아프리카 아이들의 영상을 보고 의사가 되고 싶다고 했다. 해외봉사, 자원봉사를 기꺼이 떠날 것이라는 뜨거운 가슴을 품고서 말이다. 4년 동안 의사에서 변하지 않고 있다. 오히려 그 결심은 더욱 굳어지는 모습을 보게 되었다. 우연히 동생이 읽었던 '엄마에게' 라는 그림책을 보게 되었다. 한국의 슈바이처라고 불리는 장기려 박사님의 이야기를 그림책으로 만든 거였다. 그때부터 그분에게 더욱 관심을 보이더니 세종대왕을 가장 존경하는 마음이 고 장기려 박사님으로 넘어갔다.

한번은 그 꿈을 진심으로 원하고 아무리 힘들어도 포기하지 않고 이뤄낼 자신이 있는지 확인해 보고 싶었다. 한참 메르스가 나라를 혼란스럽게 할 때였다. 뉴스를 보며 의사는 저런 위험한 상황도 있는데 희망이는 두렵거나 꿈을 바꿀 생각은 없냐고 물어 보았다. 두렵거나 피하기는커녕 기꺼이 자신이 희생해서 메르스 환자를 돌보러 달려갈 것이라고 굳은 결심을 하는 것이다. 아직은 많이 어리지만 희망이의 열정과 용기에 박수를 보냈다.

희망이는 13살이었지만 모든 관심은 친구, 책, 세상에 있었다. 주변에서 일어나는 일에 대해 몹시 관심이 많았고 질문이 많았다. 그럴 때는 놓치지 않고 질문하는 자체를 굉장히 훌륭한 점이라고 칭찬부터 해 주었다. 그리고 가장 먼저 왜 그것이 궁금했는지를 되묻는다. 그리고 질문을 똑같이 되돌려 주며 물어본다. 예를 들면 "하늘은 왜 파래요?" 라고 물을 때 왜 그것이 궁금하게 되었는지 되물어 본다.

"희망이 생각에는 왜 하늘이 파란 것 같아?"

틀리든 맞든 어떤 대답을 하면 "희망이는 그렇게 생각하는 구나." "그럴 수도 있겠다." 라고 말해준 뒤 "왜 하늘은 파랗다고 생각해?" 하고 물으면서 관련도서를 찾아 함께 읽는다. 관련 책이 없을 때는 인터넷을 검색해서 같이 보기도 하고 스마트폰도 이용한다. 그리고 관련된 책을 검색해 뒀다가 도서관이나 서점에 가서 빌려 읽던지 사서 읽도록 해 준다. 그러면 호기심과 관련된 수많은 대화를 나누다가 배운다는 것은 즐거운 일이라고 받아들이게 된다. 엄마라고 모두 알아야 한다는 강박관념은 버리고 아이와 함께 성장하는 게 옳다고 주장하는 사람 중의 한 명이다.

태어나면서부터 계속 자라온 탓인지 궁금한 것이 있으면 학교에서는 학교 도서관, 집에서는 집안 책, 없으면 물론 인터넷도 찾아보지만, 책으로 찾아 읽는 것이 훨씬 장점이 많다고 말한다.

희망이, 복덩이는 독서를 하며 수많은 간접경험을 한다. 나 자신도 그것을 알기에 책의 즐거움을 TV나 영화만큼 즐기고 있다.

초등학교 3학년까지만 해도 희망이는 수학을 좋아하지는 않았다. 그땐 서점에서 문제집 한 권은 풀어 보라고 시켰던 시절이었다. 학교에서 자주 복사된 수학연산문제를 주셨다. 집에서도 풀어야 할 문제가 있으니 자연히 스트레스가 쌓였는지 수학을 지겨워하려는 기미를 보였다. 아차 싶었다. 4학년 때부터 문제집을 사지 않았다. 그뿐만 아니라 학습과 관련된 사교육은 백 원도 투자하지 않고 오히려 더 독서에 집중했다. 그렇게 하자고 아이와 대화를 나누고 마음을 나누는 대화시간을 더 늘렸다. 그때 이후로 더욱 수학 관련 도서를 읽도록 해 주었다. 온갖 육아서에서 소개된 책부터 내 스스로 수소문해서 연계도서를 찾아다 주었다. 두 바닥이라도 엄마가 읽어보고 재밌으면 권해주면 된다. 명심할 것은 싫다고 읽지 않으면 두 번 다시 권하면 안 된다는 것이다. 더 재미있고 레벨이 낮은 책을 골라주어야 한다. 내 아이가 4학년이라도 1, 2학년 추천 수학 도서를 권해야 한다. 그 책에서 재미를 찾고 흥미를 느껴야 '수학 관련 도서가 이렇게 재미있는 책이구나!' 하며 6학년까지 수학을 재밌게 받아들이며 아이도 엄마도 바라는 좋은 점수를 받아들고 온다. 도서관에서도 책을 고를 때 수학, 과학 도서를 열심히 봐뒀다가 한 권씩 권해 주기를 시작했다. 작전은 대성공이었다. 하긴 희망이와 복덩이의 경우는 아기 때부터 수학 동화부터 관련도서까지 꽤나 읽었다.

희망이가 2학년 때였다. 선생님께서 칭찬스티커를 1등으로 가득 모은 희망이에게 받고 싶은 선물을 말하라고 하셨단다. 조금의 망설임도 없이 〈양말을 꿀꺽 삼켜버린 수학〉 2권을 말해서 받아왔던 아이다. 1권을 사주고 2권을 못 사주고 있었는데 그렇게 2권을 손에 쥐고서 수십 번을 읽어대던 아이다. 그때 느낀 것은 교사가 아이에게 미치는 영향이었다. 1권은 서너 번 봤을 것인데 2권은 수십 번을 봤다. 상품으로 받은 책이고 담임 선생님으로부터 받은 책이니 얼마나 특별한 책일까? 얼마나 읽었는지 책이 너덜너덜하다. 그렇게 희망이는 수학과 친해져 가기도 했다. 이 지면을 통해 2학년 담임선생님께 감사를 드린다.

수학, 과학과 친해지려면 수학과 관련된 책을 읽으면 큰 도움이 된다고 계속 말해 주었다. 주변의 수학 관련 체험 행사도 부담 없이 늘 참여했다. 책에서 한두 번씩 보았던 지식이나 이론을 체험현장에서 다시 보게 되니 더욱 관심을 가지고 참여했고 자신의 꿈을 이루는데 더욱 가까이 다가가고 있다고 스스로 믿고 있었다.

복덩이는 누나가 있어서 좀 빨랐던지 2학년이 되니까 책 제목을 말하며 사달라고 하였다. 처음 희망이가 사달라고 졸랐던 책은 여왕리더십 전집이다. 여자아이다 보니 여왕이라는 말에 끌렸나보다 하고 생각했지만 지금 와서 보니 리더십에 더 관심이 있었던 아이였다. 회장 선거 후보로 출마해 당선되어 돌아온 걸 보니 책을 읽으며 리더십도 키웠다는 걸 느꼈다. 그리고 복덩이는 역사에 무척 관심 있어 한다. 그 분야로 책을 많이 읽어서 어떨 때는 엄마인 나보다도 아는 지식이 많을 때가 있다.

복덩이가 2학년 겨울방학 때 느닷없이 어린이가 읽을 수 있는 조선왕조실록을 사달라는 것이다. "제발요~"라고 하면서. 살아오면서 책을 사는 데는 돈을 아끼지 않으며 살았다고 자부하는데 '제발'이라고 해서 좀 놀라긴 했지만 행복했다. 늘 인터넷에서 책 주문을 많이 하는 편이어서 인터넷으로 주문해서 안겨줬다. 그렇게 하루 만에 도착한 책을 하루 만에 읽어버리는 걸 보고 자신의 인생 지도를 그려 나가는 게 보였다. 책을 읽으며 상황을 분석하고 자신을 대입해보고 '자신은 이렇게 할 것이다.' 하며 둘이서 대화 나누는 모습도 얼마나 멋진 모습인지 바라보고 있노라면 미소가 저절로 번진다.

우리 아이 책벌레 만들기

대한민국 엄마들이 자녀에게 가장 바라는 것이 무엇일까? 인성 바르고 신체는 건강하며 공부도 잘하고 운동도 잘하면 더 좋을 것이다. 그리고 반드시 책이 빠지면 안 되는 줄 아니까 독서를 좋아했으면 좋겠다. 아닐까?

나 역시 한때 아이의 어린 시절에는 이 모든 욕심을 하나도 놓고 싶지 않았던 시절이 있었다. 책 읽는 권수와 횟수, 시간이 늘어날수록 조금씩 알게 되었다.

초등학교 시절에는 무엇보다 사회성을 기르는데 주안점을 두고 다음엔 책 읽기를 좋아하는 아이로 키우는데, 온 힘을 다하면 나머지는 스스로 따라온다는 것을 말이다.

나는 사실 알고 있었다. 희망이 복덩이 심지어 남편까지 책을 읽게 하려면 내가 지독한 독서광이 되어야 한다는 사실을 말이다. 그래서 우리 아이 책벌레 만들기는 엄마 자신이 책벌레가 되어 가야 하는 과정이었다고 해도 과언이 아니다.

이제 겨우 중학생이 된 자녀를 두고 이런 글을 쓴다는 것이 잘난 척처럼 느껴질 수도 있을 거 같아서 조금 조심스럽긴 하지만 말해주고 싶다. 내가 책벌레가 되고서 아이들이 책을 읽고 남편도 책을 읽게 되는 마법 같은 이 순간을 될 수 있으면 많은 사람에게 전하고 싶었다. 아직 한창 뛰어 놀아야 하고 딴짓도 많이 해야 할 우리나라 아이들의 얼굴에 웃음을 찾아주고 싶 다. 진심으로 말이다.

우선은 옆집 엄마, 앞집 엄마, 뒷집 엄마, 까페에서 만난 엄마와의 교류를 좀 차단해야 해야 한다. 자녀교육 관련 책을 읽어보면 알겠지만, 일류대학 을 보내고 성공한 지도자로 키운 어머니들의 책을 보면 이웃 엄마의 정보에 귀 기울이라는 말은 어디에도 없다. 오히려 절대 듣지 말라고 모두 말하고 있다. 나는 적어도 그 원칙을 지금까지 지킨 것이 가장 기본에 충실했다고 믿고 있다. 이웃집 아줌마를 만날 시간에 도서관으로 가야 한다. 내 금쪽같 은 아이 손을 잡고 그리 멀지 않다면 도보로 다니고 길에서 만나는 계절에 관해 이야기 하는 것도 잊지 말고 말이다. 경이롭고 아름다운 자연을 보면 멈추어 서서 그것을 느끼는 모습을 보여주어라. 그래야 아이도 감성이 풍부 해지는 법이다.

그 감성을 그대로 느낀 아이는 일기장에 적곤 할 것이다. 그 일기를 보면 서 엄마는 두 번 감격하고 만다. 그렇게 도서관에 가면서 아이에게 다짐도 받아둔다. 도서관에서 지켜야 할 예절을 매번 숙지시키면 주위 사람이나 사서 선생님께 미움 받는 아이는 될 염려는 없다. 아이가 어리거나 오랫동안 책 보는 것이 힘들다면 아이의 눈높이에 맞춰서 2시간 정도 있다가 곧장 집으로 돌아가기보다는 도서관 건물 내에서 기분 좋은 시간을 보내면 된다. 영화 관람을 하는 도서관에선 영화 관람도 하면 된다. 맛있는 간식을 싸 와서 매점에서 먹기도 하면서 도서관의 추억을 만들어 주면 도서관을 좋아하고 스스로 찾기도 한다. 그렇게 [도서관]이란 장소에 대한 긍정적인 이미지를 심어주는 과정에 최선을 다해 주는 것이다.

나도 희망이가 돌이 되면서부터 시립도서관이 위치한 곳에서 살게 되었다. 어디로 이사를 할 수가 없었다. 온전히 도서관 때문이었다. 내가 도서관을 사랑하고 애착을 가질수록 아이들은 저절로 도서관을 놀이터만큼 좋아하게 되는 것이다.

희망이가 4살이었고 복덩이가 8개월 정도 되었을 때였다. 복덩이를 등에 업고도 주 2회 정도는 도서관에서 긴 시간을 보냈다. 한번은 잠든 복덩이는 포대기로 깔고 덮어주면서 희망이에게 책을 읽어주었던 기억이 너무도 생생한데 희망이도 기억하고는 가끔 이야기한다. 복덩이가 남자아이라서 누나만큼 도서관이나 책을 좋아하진 않을 거라는 우려 속에서 더욱 도서관을 찾게 되었다. 결국, 복덩이도 희망이처럼 책벌레로 자라고 있는 것이 감사하다. 어쩌면 희망이 보다 더 책벌레인지도 모른다.

신학기가 되어 새 교과서를 나눠주면 누나의 사회책, 과학책을 처음부터 끝까지 닳도록 보고 재미있다고 푹 빠진다. 덮으면서 이런 거 배워서 부럽다고 하니 이쯤 되면 책벌레로 인정해 줘도 되지 않겠는가?

아이를 책벌레로 만들고 싶으면 책을 읽고 훌륭해진 분들의 위인전을 접하도록 해줘야 한다. 백번 읽어야 아는 바보의 김득신, 유대인, 또 세종대왕의 이야기를 엄마가 미리 읽고 먼저 감동을 하고 아이에게 말해주어야 한다. 영화도 예고를 미리 본다든지 친구에게 이야기를 듣고 나면 안 보고는 못 배기는 일이 생기기 마련이다. 책도 가장 중요한 부분이나 가장 감명 깊었던 부분을 실감나게 말해주면 흥미를 느끼면서 곧 읽게 된다. 그렇게 스스로가 책을 읽고 느껴야 책이 얼마나 사람을 변하게 하고 얼마나 유익한 도구가 되는지를 느껴야 결심을 할 수 있다. 진정한 책벌레가 되는 것이다.

또 아이를 책벌레로 만들려면 책 읽는 모습을 자주자주 칭찬해주어야 한다.

"이야! 또 책 읽고 있어? 우리 ○○이는 책을 많이 읽으니 분명 사회에 공헌을 하는 필요한 사람이 되겠네. 지금 엄마가 너의 미래를 상상하니까 뿌듯한 걸."

그럼 칭찬을 받고 싶어서 또 같은 모습을 자주 연출하게 될 테고 연출만 할 계획이었다가 앉은 자리에서 책 한 권은 뚝딱 읽어내는 예쁜 책벌레가 될 것이다.

아이를 키우는 데 있어서 큰 비중을 차지하는 부분 중 하나가 칭찬이다. 칭찬이 오히려 독이 된다고 하는 분들도 많지만 나는 오히려 좋게 작용할 때가 많다는 주의다.

칭찬은 고래를 춤추게 하고 칭찬은 무슨 일이든 즐겁게 시작할 수 있는 비타민과도 같은 역할을 한다. 앞으로도 칭찬으로 키워갈 생각이다.

아이가 잘못했을 때는 엄하게 대하고 조금이라도 잘했을 때는 사정없이 칭찬을 해주는 편이다. 단, 무조건 "아이고 잘했다. 다 잘하네. 최고다." 가 아니라 과정 중심의 칭찬을 해주고 있다.

"이렇게 복잡한 걸 포기하지 않고 해냈구나. 정말 대단하다. 사실 엄마가 너만 했을 때 포기를 잘해서 어른이 되어서 후회가 많이 되었는데 네가 참 부러워."

이런 칭찬을 받은 아이는 같은 행동을 반복하고 싶은 욕구를 느끼고 부모님께 인정받고 사랑받는다고 느낀다. 그래서 결과보다는 과정 중심으로 칭찬하는 노하우를 갖춰 놓으면 좋을 것이다.

아이를 책벌레로 만들고 싶으면 강요하지 말아야 한다. 책을 읽지 않는다는 건 머릿속이 복잡하고 머릿속의 지식이건 쓸데없는 잡동사니건 꽉 차 있다는 거다. 그래서 밖에서 실컷 놀게 하든지 푹 쉬게 하든지 비우는 작업을 먼저 해야 한다.

아이가 책을 읽기를 바란다면 아이와 많이 놀아줘야 한다. 아이가 자랄수록 사실 놀아주기 힘들고 귀찮아지는 건 사실이고 꽤 힘든 일이다. 하지만 놀아주고 나면 아이는 부모가 원하는 행동을 알아서 한다. 잊지 말아야 한다. 함께 배드민턴도 치고 공기놀이도 하고 보드게임도 하고 자전거도 타고 아이와 함께 하는 귀하고 소중한 시간을 절대 놓치지 마라. 실컷 놀 때 이제 그만하자는 말은 부모가 먼저 하면 안 된다. 아이 입에서 집에 가자는 말이 나올 때까지 놀아줘 보아라. 단 몇 번만이라도 그러면 그 아이의 집중력이 독서에도 공부에도 다 영향을 미친다는 사실을 기억하면서 말이다.

난 어릴 때는 잘 기다려 주다가 아이들이 커 가면서는 '몇 시 되면 가자.'라고 예고라도 해 주었다. 그래야 아이들이 한창 즐겁게 보는 영화가 갑자기 꺼지는 황당한 일은 없게 해 주어야 할 테니까.

집에 돌아오면 두 녀석은 누가 먼저랄 것도 없이 각자의 책에 빠져서는 놀고 온 만큼 책을 읽어대기 시작한다. 정말 신발을 벗자마자 읽는다. 꼼짝 않고 논 시간의 몇 배로 읽을 때도 있다.

가끔 남자아이는 책을 싫어한다고 처음부터 포기하는 엄마들이 많지 않은가? 남자아이는 훨씬 더 놀아야 하는데 덜 놀았기 때문에 책을 안 본다는 결론을 내리게 되었다. 복덩이가 실컷 놀고 와서 책보는 모습을 수십 번 지켜본 엄마의 경험담이니 믿어도 된다.

무엇보다 중요한 건 왜 내 아이를 책벌레로 만들고 싶은지 한번 생각해 보았으면 한다. 독서의 필요성과 중요성을 정확히 내 아이에게 충분히 설명할 수 있다면 반드시 자녀를 책벌레로 만들고 사회에 유익한 공헌을 하는 훌륭한 인물로 키울 수 있다고 믿어 의심치 않는다.

책 태교로 시작하라

희망이와 복덩이는 임신 기간 동안 입덧을 좀 많이 하는 편이었다. 희망이는 좀이 아니라 사람이 생활이 안 되고 힘들 만큼 했다. 다행스럽게도 임신 6개월이 좀 지나니까 좋아졌다. 그때부터 육아서를 한 권씩 읽기 시작했다. 우연히 EBS에서 부모라는 프로그램을 방영하는 것도 알고 시청하기 시작했다.

나도 우리나라가 교육 강국에 걸맞게 여느 엄마들처럼 교육에 무척 관심이 있었던 거 같다. 더 솔직해지자면 첫 아이 잘 키우고 싶었다. 나보다 나은 삶을 살았으면 하는 마음이 절실했었다.

입덧이 끝나가니 아기가 건강하길 바라게 되는 나를 발견할 수 있었다. 아기가 뱃속에서 잘 자라서 건강한 모습 그대로 나를 만났으면 하고 바랐다. 흔히 말하는 손가락, 발가락 열 개 눈, 코, 입도 정상이길 바라게 되는 것은 지극히 평범한 임산부의 모성일 것이다.

그때도 태아에게 책을 읽어주고 태담을 많이 해 주면 영리한 아이가 태어난다는 말을 들은 적이 있다. 건강한 아기가 태어날 것이라는 전제하에 영리한 아이로도 태어났으면 하고 바라게 되었다. 남편과 서점에서 동화책을 3권 사 왔다. 전래동화와 명작이었다. 6개월이면 엄마, 아빠의 모든 말을 다 듣고 있다는 걸 알고 늘 이야기를 많이 해 주었다.

"희망아, 잘 잤니? 엄마도 잘 잤어."

"희망아, 이제 책을 읽어 줄 거야. 책을 읽고 나서 불을 끄고 잘 거니까 준비를 하길 바래."

그러면서 남편이 곁에 누워서 거의 태어날 때까지 하루도 빠짐없이 희망이에게 동화책을 읽어 주었다.

엄마가 읽어 주어도 되지만 그때부터 남편을 육아로 살며시 끌어들인 계기가 된 것 같다.

"엄마의 고음보다 태아는 중저음의 아빠 목소리를 더 좋아하고 중저음의 목소리로 책을 읽어주면 10배의 효과가 있다."

만약 그때 남편이 "뭔 효과?" "왜 중저음의 아빠 목소리를 더 좋아한데?" 하고 되물었다면 작전은 말짱 허사로 돌아갔을 것이다. 남편은 다행스럽게도 말하는 걸 즐기지 않아서 "그렇군. 읽어주지 뭐. 내 귀한 새끼를 위해 책 한 권 읽는 것이 뭐 어렵다고." 하며 행동 개시해 주었고 매일 밤 임신한 배를 만지고 희망이에게 잘 자라고 말하며 잤다.

지금 셋째를 가진다면 과연 그렇게 할 수 있을까? 왠지 책을 읽어 주지도 매일 밤 잘 자라고 인사도 못 할 것 같다. 힘들어서가 아니라 낯간지러워서 말이다. 나뿐만 아니라 남편 역시도 절대로 두 번 다시는 못 할 것을 희망이에게는 다 했다. '왜?' 하고 묻는 법이 없었다. 누가 그렇게 하면 좋대? 하고 묻지도 않았다. 지금 생각해 보면 말하기 좋아하지 않는 것도 장점일 때도 있긴 있구나 싶은 생각이 든다.

무더운 여름, 희망이는 세상에 나오게 되었다. 정확히 한 달이 될 즈음 뱃속에서 읽어주었던 동화책을 꺼내 다시 읽어주기 시작했다. 시간을 정해두고 빨간색 립스틱을 바른 후 아이를 보면서 말이다. 며칠이나 했을까 백일도 되지 않았는데 아이가 한번은 내 입을 보면서 깔깔 웃고 넘어가는 것이다. 책을 치워도 그렇고 내 빨간 입속에서 말이 나오니 웃겨 죽겠다는 모습을 하는 게 아닌가? 난 느꼈다. 아! 말이 흘러나오는 게 재밌고 웃기고 신기해서 얼마나 빨리 이런 소리를 내고 싶었을까? 그리고 책을 읽어주지 않으면 엄마와 아이가 주고받는 말이 한정되어 있어 많은 단어를 습득하기 어려운 환경이 된다. 책을 읽으면 수많은 단어를 접하면서 질문이 쏟아져 나온다. 밑도 끝도 없이 "뭐예요?" 만 연발하다가 곧 발전한다. "이거 뭐예요?" 희망이가 어렸을 땐 육아에 대한 소신이 생기지 않아서 TV를 거실에 떡 하니 두고 몇 시간을 켜 놓았던 오류를 범했다. 참 미안하게 생각한다.

첫째가 사랑과 관심을 독차지하지만 늘 시행착오의 대상이 된다는 건 부정할 수 없으니 첫째를 많이 안아주고 많이 사랑해주어야 한다. 쉽지 않지만 노력했고 하고 있다.

태어난 지 한 달째 되는 날부터였다. 하루에 세 번 정도 책 읽는 시간을 정해 매일 읽어주었다. 맹세코 하루도 빠짐없이. 내 입으로 들어가는 밥은 잊어도 책 읽어주는 일은 잊지 않았다. 걷기도 전부터 희망이는 시도 때도 없이 책을 가져와 읽어달라고 했다. 어떤 책은 정확히 백번도 넘게 읽어 달라고 하기에 지치는 순간까지 왔다. 눈앞에 두고 안 읽어 주는 엄마는 되고 싶지 않았다. 한번은 읽어주고는 몰래 장롱 위에 숨겨 놓기도 했었다. 제목도 기억한다. 국민전집이라고 불리던 챠일드ㅇㅇ의 〈이제 곧 설날이에요〉 쥐돌이 쥐순이가 설맞이 시장 보는 내용이었다. 잃어버리고 찾고 하는 과정이 너무나 재미있었나보다 생각한다. 100번도 넘게 읽어 준 책을 10살이 넘어서는 기억을 못하는 모습을 보며 '뭥미?'하는 생각이 들었지만 어디에 배여 들어도 들었을 것이라 믿는다.

　희망이는 책의 바다에 풍덩 빠지는 경험이 많은 아이로 자라났다.

　복덩이의 경우, 저절로 태교가 되었다. 누나가 4살인데 시도 때도 없이 책을 들고 와서 무릎에 앉아 책을 읽어달라고 졸랐고 난 기꺼이 읽어주었다. 그러다 복덩이 들으라고 읽어주는 것이라며 아가 소리를 내며 읽어주었다. 복덩이는 의도된 바도 없이 늘 책읽어주는 누나와 엄마가 있어 책 태교를 누나보다 많이 했다. 남편이 첫째 때처럼 배를 만지며 책을 읽어주지는 못했지만 누나가 그 역할을 대신 훌륭히 해 주었다고 믿는다. 그렇게 책과 함께 세상을 시작한 복덩이도 현재 책을 좋아하고 늘 끼고 지내기 때문이다.

아이가 있거나 임신 중이라면 유아용 전집 도서 판매하는 영업사원들을 한 번씩은 다 만나 보았을 것이다. 나 또한 수십 번 넘게 도서 영업사원을 마주쳤다. 하지만 단 한 번도 50만 원 이상의 새 책 전집을 들인 적은 없다. 지금까지 남매를 키워오면서 가장 잘한 것 같다. 수십만 원, 백만 원에 웃도는 돈을 주고 사 놓으면 책을 애가 덜 보는 것 같고 기다리기보다는 얼른 중고로 내다 팔고 안 본다며 한탄하기 일쑤다. '우리 애는 몇백 만 원치 사 줘도 안보는 애다.'라며 포기하기 일쑤다.

나 역시 정말 아이가 좋아하겠다 싶은 전집 서너 종류만 새 책으로 샀고 나머지는 모두 중고로 사들였다. 뿐만 아니라, 아이가 보지 않는다고 되팔거나 버린 적은 한 번도 없다. 심사숙고해서 들인 책이기 때문에 1년이고 2년이고 꽂아두고 기다렸다. 책장의 위치를 바꿔보기도 한다. 그래도 읽지 않을 때는 꺼내서 읽어주기도 한다. 처음에 낯선 그 무엇 때문에 보지 않을 뿐이지 한두 번 손에 잡고 읽기 시작하면 결국은 한 권 한 권 뽑아서 읽고 만다. 1년 전에는 관심이 없었는데 되팔고 나면 꼭 아쉬울 때가 있다. 물론 도서관에서 빌려서 읽어도 되지만 집에 꽂혀 있어서 쉽게 읽을 수 있는 환경과 필요할 때마다 도서관을 찾아야 하는 환경은 큰 차이가 있다는 것을 알아야 한다.

우리 아이들이 잘 본 책을 누군가 또 잘 봤으면 하는 마음에 아름다운 가게에 또는 이웃에게 아이들 이름으로 기증을 했다. 앞으로도 그럴 생각이다.

비싸고 브랜드 있는 새 책이 절대 나쁘다고 말하는 게 아니다. 사지 말라고 주장하는 것은 더욱 아니다. 거의 100만 원을 웃도는 전집을 사면 과연 아이가 그 돈이 아깝지 않도록 잘 읽느냐 말이다. 그렇지 않다는 걸 아이를 키워본 사람들은 다 안다. 왜냐하면, 기다려 줄 여유가 없기 때문이다. 이것이 핵심이다. 비싼 전집이니 하루도 기다리지 않고 꺼내서 읽히고 안 읽으면 "이게 돈이 얼만데?" 부터 시작해서 사달라고 한 적도 없는 애꿎은 자식한테 화도 내고 하소연도 한다. 군이 비싼 책이 아니어도 충분히 아이는 책을 좋아하는 아이로 자라게 할 수 있다는 소신을 엄마가 가져야 한다. 그리고 설사 보지 않아도 기다려 주면서 엄마가 슬쩍슬쩍 펴서 읽으면 된다. 일주일만 아이 책을 읽어보라. 3일 만에 곁에 와서 읽으려 들것이다. 또 새 책을 살 때는 도서관에서 잘 보던 책을 기억하고 있다가 엄마가 봐도 너무 괜찮고 아이도 좋아하는 책을 주저 없이 사 주면 되는 것이다.

요즘에는 책을 얼마나 잘 만들고 내용도 좋은지 모른다. 신간을 보면 어린 아이가 보는 책임에도 불구하고 14살, 11살인 아이도 읽으라고 빌려주곤 한다. 어른이 보아도 재밌는 그림책을 다 컸다며 핀잔을 주거나 속상해하면 절대로 안 된다. 우리 아이들은 책에 어린 시절의 추억이 고스란히 묻어 있어서 가끔 휴식을 한다. 명작동화책, 전래동화책 등 유치원 때나 봤던 그림책을 다 꺼내 모조리 읽곤 한다. 그 모습을 수차례 지켜보며 정말 빨리 처분하지 않고 꽂아두길 참 잘했다고 생각했다. 그리고 아이가 "이제 기부하세요." 라고 말할 때까지 기다려줄 생각이다. 2년 전부터 하나 하나 이웃에게 재단에 나눔을 하고 있다. 그런데 돌 전부터 읽기 시작한 전집이 있는데 자기들의 영혼이 들어 있는 책이라며 둘이 동시에 절대 처분하지 못하게 한다. 이 일을 어찌하면 좋을지 행복한 궁리 중이다.

언젠가 도서 판매 영업사원이 내게 말했다. "아이의 뇌는 임신했을 때 70%는 결정된다."고 말이다. 그리고 나머지는 신생아기 20%, 유아기 10% 라고 말이다. 이제는 그 말이 틀렸다는 걸 안다. 하지만 무척 고맙게 생각한다. 그 70%만 결정된다면 세상에 나와서 얼마나 이익일까를 생각하며 태교를 했었다. 나만의 책 태교로 말이다.

그 외에 유별나게 한 태교가 있다면 자연의 소리를 들려주기 위해 자주 가까운 산에 올라 산책을 했다. CD에서 들리는 새소리 물소리가 아닌 자연의 소리를 직접 듣게 해 주고 싶었다. 누군가 손가락을 많이 움직이면 좋다고 해서 종이학 천 마리를 접었다. 그리고 클래식을 듣고 가요를 들었으며 뽕짝, 동요, 영어 동요, 팝송 등 장르를 불문하고 계속 들었다. 뱃속 아기보다도 내 기분이 좋아지도록 말이다.

내게 온 최고의 보물들이고 희망이고 복덩이라 여기며 내 자식과의 만남을 나는 즐기고 행복하게 맞이했다.

한글 떼기도 받아쓰기도
책 읽으면 만사 OK

희망이의 읽기독립은 시기가 제법 빠른 편이었다. 4살이 되었을 때, 동생한테 읽어 준다고 배를 만지며 짧은 그림책을 읽어 주었으니 무척 빠르긴 했던 거 같다.

복덩이는 6살이 좀 넘어서 스스로 읽기를 했지만 늦진 않았다.

자녀교육은 멀리 내다보고 키워야 하기에 읽기가 되고 빠르다고 다 끝난 것이 아니라 이제 시작이라는 마음으로 임했었다. 아이를 낳아 키우면서 읽기 독립은 조금 재촉할 필요가 있다고 생각한다. 그 이유는 맞벌이를 하게 될 경우 책을 읽어줄 수 있는 양이 급격히 줄어들 수밖에 없기 때문이다.

나의 경우, 맞벌이를 하면서는 더욱 책 읽기를 빠뜨리지 않았다. 읽기독립에 날개를 달아 주기 위해 한두 장만 읽다가 아주 느리게 읽으면 답답해서 자신이 가져가서 마저 읽고 자곤 했다. 읽기 독립이 되고는 쓰기는 전혀 강요하지 않았다. 부모의 욕심이 글자를 읽고 나면 쓰게 하려는 것이 정상적이라고 생각하는 것 같다. 나는 달랐다. 실컷 차고 넘치게 읽다 보면 받아쓰기는 걱정할 필요가 없다. 그리고 때가 되면 맞춤법이 거의 다 바르게 된다. 그 때라는 것이 우리 아이들은 초등 4학년이었다.

요즘은 컴퓨터로 인해 아이들의 글씨가 우리 때와 다르게 알아보기 힘든 글씨가 많기도 하단 말을 들은 바가 있었다. 맞춤법보다도 바른 글씨를 쓸 수 있는 토대를 만들어주고 싶었다.

10칸 국어 공책에 하루에 두 바닥씩 자신이 적고 싶은 책을 골라 바른 글씨 쓰기를 하자고 제안했다. 다행히 희망이는 아주 좋아했고 1학기만 했는데도 글씨체가 잡혀서 바른 글씨로 칭찬을 많이 듣곤 하였다. 글씨는 그 사람의 모습이고 정신이다. 틀리게 쓰는 것은 책을 읽는 과정에서 충분히 바르게 고쳐진다. 하지만 나쁜 글씨체를 그대로 두고 본다면 습관이 되어 바르게 고치는 데는 수많은 노력과 시간이 필요할 것이기 때문에 1학년 때부터 바른 글씨를 강조하였다. 그렇게 글씨 연습을 시켰더니 여러 가지 좋은 점이 많았다. 선생님께 칭찬도 자주 듣게 되었고 누군가 대표로 글자를 써야 할 일이 있으면 친구들이 자신의 이름을 모두 불러 주는 기분 좋은 일이 많았다고 한다.

복덩이는 조금 달랐다. 글씨 쓰기를 좋아하지 않았고 신체놀이를 더욱 좋아했다. 알림장의 줄을 다 튀어나오게 글자를 써 오고 커졌다 작아졌다 하는 글씨를 보며 희망이 보다 시간과 인내가 두 배로 필요할 것이라 짐작했다. 정확히 말하자면 지금도 진행 중이다.

복덩이는 청찬과 격려 때론 혼이 나가면서 바른 글씨에 매진하다 보니 복덩이의 맞춤법도 애쓴 적이 없는데 다 좋아져 가고 있다.

다행히 역사를 좋아하여 역사책을 보다가 태조 이성계, 세종대왕, 정조대왕의 글씨를 책에서 보게 되었다. 깜짝 놀라는 것이다. 훌륭한 사람들은 글씨도 훌륭하다는 것을 직접 눈으로 보더니 더욱 심혈을 기울여 임하였다. 그래도 엄마의 눈에는 차지 않을 뿐이지 담임선생님들은 1학년 때부터 늘 복덩이가 글씨가 바르다고 청찬을 꾸준히 하셨다. 정보화 시대에 기본이 되는 바른 글씨는 뒤로하다 보니 복덩이는 단연 바른 글씨의 주인공이 되고 말았다.

두 아이 읽기독립을 위해 노력한 것은 아이가 원할 때 무조건 책을 읽어주는 것이었다. 하룻밤에 양팔에 열 권을 끼고 방으로 들어올 때면 맙소사 할 때도 있었다. 그 때의 노력이 지금의 책 읽는 아이들을 만들었다고 생각한다. 중요한 건 저 많은 책을 양팔에 끼고 20권을 다 읽어주어도 절대 잠들지 않는다는 것이다. 오히려 권수가 올라갈수록 두 눈이 더 말똥말똥 해졌다. 날이 갈수록 글밥도 많아지고 남편과 나의 목은 다음날 아파서 통증을 느낄 만큼의 지경에 이르렀다. 책을 읽어줄 때 늘 제목을 읽어주고 아이에게 따라서 읽게 했다. 그건 습관이 되어 지금도 가끔 책을 읽어주면 제목은 따라서 읽을 정도다.

그렇게 제목을 따라 읽더니 집 안에 있는 모든 책의 제목을 읽을 줄 알게 되었고 자연스럽게 한 줄짜리 책부터 스스로 읽기 시작했다.

아이들은 스스로 읽는 즐거움을 조금씩 맛보더니 두 줄에서 세 줄짜리 책을 읽어대기 시작했다. 점점 스스로 읽는 아이가 되어 버렸다. 복덩이도 비슷한 과정을 거쳐서 읽기독립이 되어 스스로 책을 읽게 되었다.

아이가 스스로 책을 읽으면 엄마들은 이젠 네가 읽으라고 하며 읽어주기 귀찮아지기 시작한다. 때론 그런 때가 많으니 충분히 이해가 간다. 하지만 그때를 놓치면 또 책을 좋아하는 아이로 키우기가 어렵다. 스스로 읽긴 하지만 책이 점점 두꺼워지는 그 고비를 잘 참아내며 빠져들게 해야 하기 때문이다.

희망이, 복덩이의 경우 주말마다 도서관에 들러 자신들이 빌린 책과 내가 선정한 서너 권의 책을 섞어 늘 빌려왔다. 2주 동안 대여 기간이니 충분히 읽고도 남는 시간이다. 혹시 읽지 않은 책은 강요 같은 건 없이 깨끗하게 반납한다. 시간이 한참 흐른 어느 날 또 빌려와 보면 안 볼 때도 있지만 볼 때도 있었다.

책이 두꺼워져 아이들이 책 읽기에서 주춤거리는 기미가 보일 때 내가 직접 읽어 주었다. 한 권을 다 읽어 줄듯이 들이대다가 내가 봐도 너무 재미있는 부분에서 과감히 멈춘다. 그리고 설거지를 하든지 화장실로 씻으러 간다. 눈치 채지 못하게. 갔다 와서 읽어준다는 말을 남기고서. 열에 아홉은 아이가 못 기다리고 읽는다. 남은 부분이 너무 궁금하여 당장 또는 다음날 그 책을 읽고 있는 모습을 여러 번 보았다. 드라마나 영화처럼 애초에 안 보면 관심이 없지만 몇 번 또는 몇 분이라도 보고 난 드라마나 영화는 계속 뇌리에 남아 꼭 끝까지 보고 싶어지지 않던가? 그 원리를 반드시 이용하길 바란다. 그러면 어느 순간 어른 책보다 두꺼운 책을 심심치 않게 꺼내 들고 읽으며 스스로 뿌듯해하는 책벌레를 집에서 볼 수 있다.

학령기를 둔 엄마들의 또 하나의 관심사인 받아쓰기 얘기를 할까 한다. 희망이는 받아쓰기를 거의 100점을 받아왔다. 학교에서 아침에 슬 한번 보고 쳐도 다 맞았다고 했다. 하지만 나의 여유와 믿음도 한몫을 했으리라. 다그쳐 본 기억이 없다. 믿음이 너무나 강했기에. 이렇게 책을 읽는데 초등학교 고학년쯤 되면 맞춤법이 거의 다 맞겠지, 하면서. 희망이의 매일 쓰는 일기를 보면 아이가 자라고 있는 것이 보였다. 그리고 웃지못할 해프닝 또한 있었다.

4학년이나 된 어느 날 일기장에 '수박'을 '수밖'으로 써 놓은 것이다. 이 상황이 나는 너무나도 웃겨서 힘껏 웃고는 종종 놀리기도 했다.

받아쓰기로 인해 스트레스 받고 힘들어하는 엄마들에게 이 얘기를 꼭 들려주고 싶다. 책을 읽으면 '수밖'이라고 쓰는 아이도 결국 다 '수박'으로 쓰는 아이가 된다고. 엄마의 믿음과 책 읽는 아이로 성장하고 있다면 말이다.

받아쓰기에서 100점 받은 아이도 일기장이나 다른 글을 쓸 때 틀린 글자가 많다. 단순히 받아쓰기에서만 100점이라고 전부가 아니니까 너무 받아쓰기에 일희일비하는 오류를 범하지 말고 느긋한 마음으로 아이를 기다려 주길 바란다.

복덩이가 받아쓰기에 관해서는 희망이를 능가하지 못했다. '남자아이라 세심하게 살피는 면은 덜한가?' 하며 지금도 관찰 중이다. 받아쓰기 점수가 너무 아래로 내려가는데도 언젠가는 잘 되겠지 하고 기다리는 행동은 말리고 싶다. 3학년까지 받아쓰기를 하는데 그동안 이 아이가 겪어야 할 시간이 길고 그 시간이 차곡차곡 쌓일수록 자존감은 바닥을 드러내고 말 테니까 말이다. 복덩이는 한 개 또는 두 개를 틀리는 날이고 100점을 받는 날도 있었다. 많이 틀리는 게 아니어서 그대로 두려고 했는데 어느 날부터인가 받아쓰기에 대한 스트레스가 있다는 걸 알게 되었다. 그때 보통 엄마들은 '100점 아니라도 괜찮아. 90점도 훌륭해.' 할 수가 있을 것이다. 물론 이 방법도 좋은 방법이고 하나의 좋은 대처방법이긴 하다. 처음에는 이렇게 했는데 아이가 '아~ 80, 90점도 훌륭하니까 난 딱 요만큼만 받아야지.' 하고 마음을 먹어버리는 눈치였다. 그래서 곧바로 100점은 누구나 받을 수 있으며 90점도 좋지만, 당연히 100점이 가장 잘한 점수라고 했다. 그리고 책을 읽을 때 글자들이 어떻게 생겨 먹었는지 조금만 더 자세히 관찰하라고 일러 주었다. 그런 대화를 서너 차례 가지고는 큰 무리 없이 100점을 계속 받아오는 것이었다.

뇌 발달에 따라 개인 또는 남녀의 차이가 있음을 인정하고 받아들이되 포기가 아니라 기다림과 응원을 함께 해 주어야 한다. 특히 남자아이는 승부욕이 강하기 때문에 학습을 더 시키기보다는 승부욕을 살짝 자극하면 거의 무슨 일이 있어도 해낸다. 우리 아이는 아니라고 하지 말고 우리 아이만의 방법을 엄마가 찾아야 한다. 그 방법이 아이가 책을 읽는 방법이 가장 빠른 방법이라고 믿고 있다.

국, 수, 사, 과, 영
책만 읽으면 문제없다

책에서 읽었던 내용이 실제 희망이 교실에서 일어나는 걸 들은 나는 너무도 놀랐다. 정말로 시험을 치고 나면 아이들이 대표적인 애들 점수를 조사해서 적어가는 아이가 있다는 것이다. 엄마들이 누구는 몇 점이니? 누구는 몇 점이야? 물어보니 자기도 모르게 적어간다는 것이다.

희망이 복덩이를 키우면서 공부 잘 해라고 말한 적은 단 한 번도 없다. 물론 100점 받아오면 왜 안 기쁘겠는가? 흐뭇하고 예쁘고 기특하다. 시험 점수는 그 점수를 받기 위해 이 아이가 얼마나 노력했는가에 집중해 주어야 한다고 생각한다. 어떤 방법으로 100점을 받을 수 있었는지 이야기하도록 해야 하며 자칫 잘못 하면 틀릴 뻔한 문제는 없었는지 물어야 한다.

나는 아이들에게 '누구는 꿈이 뭐래?' '누구는 뭘 좋아해?' '누구는 성격이 어떠니?' 라는 말을 주로 물었다. 우리 아이들은 가끔 내 친구에게도 '그 이

모는 꿈이 뭐였어요? 하고 묻곤 한다. 그리고 가끔 만나는 사촌에게도 꿈이 뭔지를 묻는다. 내 아이들의 관심사는 오직 꿈인 것 같다.

희망이 복덩이 모두에게 앉혀놓고 그런 얘기는 한 번 한 적이 있다.

"세계의 공통언어인 영어는 너무 중요하고 반드시 배워서 익혀야 한다는 걸 알고 있을 거다. 하지만 그 전에 내 나라의 언어인 국어가 백배 천배 더 중요하고 소중하다는 사실을 반드시 기억하길 바란다. 그리고 영어를 잘하고 싶거든 반드시 국어공부를 학교에서 가장 열심히 하면 좋은 결과가 있을 것이다."

그랬더니 정말로 둘 다 국어는 틀리지 않고 다 맞아 왔다.

국어뿐만 아니라 아이가 학교공부를 즐겁게 하고 힘들게 받아들이지 않게 하려면 무엇보다 긍정적인 인식을 심어주는 것이 선행되어야 한다. 예를 들어 한글이 만들어진 배경과 세계에서 가장 쉽게 익힐 수 있어 훨씬 값진 언어라는 것. 내 나라 내 조국의 언어를 배우는 일이기에 자부심을 느끼되 최선을 다해 수업을 임해라고 한다. 그 힘들고 사람 지치게 만든다는 수학도 어릴 때만 사주던 수학 동화로 끝내지 말자. 학년별 연계도서가 넘쳐나고 있으니 잘 활용하길 바란다. 실제로 학교 도서관에 가면 교과연계도서이든 아니든 수학 관련 동화책이 꽤 많다. 엄마가 조금만 관심을 기울이면 수학도 좋아하는 아이가 된다. 희망이도 연신 그런 책을 1년에 수십 권씩 읽어대더니 4학년 때부터 급기야 수학이 너무 재밌다고 했다. 5학년이 되니 수학을 사랑하는 아이가 되었다. 이 모든 것은 독서, 책으로 인해 벌어진 일임을 밝히고자 한다. 사회, 과학 역시도 관련 도서를 계속 읽음으로서 지식이 늘어났고 학교에서의 수업을 즐겁게 했다.

소리 내어 읽기가 얼마나 좋은지는 말하지 않아도 이미 다 알고 있을 것이다. 손가락 움직이는 것이 뇌 발달에 가장 좋다는 연구결과가 있어 피아노, 레고, 로봇, 종이접기 등 수많은 취미를 갖게 한다. 모두 맞는 말이고 모두 좋은 취미임이 틀림없다. 그다음 뇌 발달에 좋은 것은 발가락이 아니라 입을 움직이는 것이다. 그래서 책을 많이 읽고 말을 잘하는 사람은 성공할 확률이 높다. 3학년이 되면 사회, 과학책이 생기는데 이때부터는 일주일에 한 번 정도 교과서를 챙겨오도록 한다. 이때, 주의할 점은 "이번 주부터 사회,과학 교과서 꼭 가져와! 안 가져오면 혼날 줄 알아!" 라고 제발 얼음장 좀 놓지 마라. 이건 긍정의 인식이 아닌 정반대의 부정 인식을 심어주는 꼴이 된다. 교과서 말하기 전에 아이와 간식을 먹을 때 "사회나 과학 처음 배워보니까 어떠니? 어렵지 않아?" 라고 묻는다. "어렵다." 고 하면 옳다구나 하며 "엄마도 사회과학은 사실 재미없었다. 그래서 좀 쉽게 공부할 수 있는 방법이 있는데 문제집 푸는 것 말고!" 하며 교과서를 일주일에 아이가 원하는 요일에 딱 한 번만 가져오게 한다. 그러면 아이들은 십중팔구 즐거운 마음으로 기꺼이 가져온다. 문제를 푸는 것도 아니고 학원을 가는 게 아니라 일주일에 단 한 번 교과서를 가져오면 쉽게 공부한다고 하니까 얼마나 긍정적인 생각이 들겠는가? 그리고 대화의 가지치기를 계속해간다. 왜 사회를 배우는지, 왜 과학을 배우는지, 왜 수학을 배우는지를 이어나간다. 그러면 아이는 엄마와 하던 대화가 학교에서 선생님과 하는 대화로 이어지기도 하고 스스로 궁금한 것도 생기게 된다. 그리고 과학 관련, 사회 관련 도서들도 넘쳐나고 있으니 전집 말고 되도록 단행본으로 사든 빌리든 읽도록 해 주면 학습이 놀이처럼 즐거워진다.

희망이, 복덩이 둘 다 이런 방법으로 학습을 놀이처럼 즐기기를 바라는 마음에 시작해 보았는데 둘 다 바람대로 사교육 없이 너무 잘해주고 있다. 그래서 힘들어하는 직장맘, 전업맘 할 것 없이 이렇게 좀 해보라고 권해주고 싶고 강요도 해보고 싶다. 안된다고 하지 말고 나는 못한다 하지 말고 학원, 학습지, 공부방은 그 효과는 오래가지 못한다. 정말 미안한 말이지만 나 역시 내 아이니까 이렇게 할 수 있었다. 결과를 재촉하는 이가 없었기에 이렇게 즐겁게 하지 누군가 재촉하고 결과를 내 내보이라고 하면 못 했을 것이다. 사교육의 가장 큰 단점이 결과주의이기 때문이다.

영어가 남았다. 희망이와 복덩이는 영어도 사교육 없이 그림책과 영어책으로 언어를 배우는 중이다. 희망이는 국가인증시험을 본 적이 딱 한 번 있는데 꽤 높은 점수를 받았다. 영어도 책의 힘이라고 말하고 싶다. 모국어로 책을 엄청나게 읽은 그 힘으로 다른 나라 언어를 배울 때 이미 알고 있는 지식부터 모든 점에서 이익이 훨씬 많다는 것이다.

물론 영어는 다른 교과목에 비해 설명하고 이야기할 것이 너무 많지만 이번 책에서는 희망이 복덩이 모두 영어 역시 사교육 없이 오직 책으로만 하고 있고 아무 문제 없이 오히려 잘하고 있다. 영어도 한글 떼기처럼 순서를 밟아 나갔다. 영어 그림책을 사주고 빌려주어서 하루도 빠짐없이 듣고 보고 읽고 일주일 중 단 하루 일요일만 빼고 매일 했다. 그랬더니 영어도 되더라. 비싼 학원 보내지 않아도 학원 다니는 아이 부럽지 않게 하더라. 이건 진실이다.

그러니 책을 믿어봐라. 믿는 자에게 복이 있나니.

많이 읽어주기 보다는
매일 읽어주어라

핀란드에서는 아이가 태어나서 6개월 남짓 되면 독서를 시작한다. 아이의 부모는 옹알이를 막 시작한 아이에게 인형과 노래로 옛날 이야기를 들려준다.

아이가 좀 더 자란 뒤에도 핀란드 가정에서는 아이가 잠들기 전 부모가 책을 읽어주는 것이 주요 일과 중 하나다. 뿐만 아니라 전세계를 움직인다고 해도 과언이 아닐 정도의 유대인 가정에서도 잠들기 전 책 읽기는 밥을 먹는 것만큼 반드시 이뤄지는 하나의 일과이다.

나는 아이들이 어렸을 때부터 책이 소중하고 더 소중한 것은 그 책을 읽는 것이라고 강조해 왔다. 그리고 내가 먼저 실천하여 보였다. 실제로 돈과 책을 떨어뜨리면 책부터 주우라고 가르쳤다. 그런데 강조만 한다고 되는 일은 없다. 그래서 3박자뿐만 아니라 독서습관을 들이기 위해 필요한 모든 방법을 다 동원해서 아이를 키워가고 있다. 거기에 베드타임북 역시 절대로 빠질 수 없는 독서습관을 기르는 방법 중 하나다.

둘 다 초등학생이었을 때는 8시 즈음이면 일기를 쓰기 위해 각자의 책상으로 간다. 그리고 시간이 남으면 책을 조금 더 읽다가 잠자리에는 9시에는 들려고 노력한다. 희망이가 3학년 때까지는 9시에 잠자리에 누웠다. 한참 많이 자야 하는 시기엔 책도 중요하지만 잠부터 푹 자야 다음 날이 상쾌하고 세상이 아름답다고 느끼기도 할 테니까 말이다.

책이 얇을 때는 두 권씩 가져와서 읽어주곤 했는데 두꺼워지고는 한 권씩 겨우 읽어 줄 수 있었다. 그렇게 두 권을 읽어주면 30분이 더 걸리곤 했다. 의욕이 넘치고 시간이 많을 때는 일찍 잠자리에 누워서 더 많은 책을 읽어주려고 했는데 그럴 땐 어김없이 아이들에게 "빨리, 빨리!"란 말을 하며 보채는 나를 발견했다. 그래서 과감하게 결단한다. 누워서 이야기하는 시간을 갖되 한 권만 읽어 주어야겠다고. 물론 아이들은 아쉬워해서 더 읽어 달라고 하지만 베드타임북은 한 권으로도 충분하다. 그 한 권을 읽으며 정서적 교감은 물론 온전한 엄마의 사랑을 담아서 읽어주면 이것을 양보다 질이 낫다고 하는 게 아니겠는가?

한 권을 읽어주니 책도 잘 고르면 좋은데 그림이 자극적이지 않고 창의력에 도움이 될 책을 많이 읽어주었다. 마치 '백설공주'를 읽고 자는 날에는 내 아이가 꿈에서라도 왕자를 만나고 '백설공주'로 몇 시간 몇 분 지내기를 바라는 마음에서 그랬다. 그렇게 생각하며 희망이, 복덩이 모두에게 읽어주었다. 이제 희망이는 자신의 방에서 잠을 자니 책을 읽어주는 일이 거의 없지만 복덩이는 함께 자고 있어서 읽어주고 있다. 복덩이는 우리가 TV를 보다가 잠드는 모습 대신 책을 보다가 달콤하게 잠속으로 들어가는 모습을 그대로 한다. 읽다가 잠이 들면 그다음 장면부터는 꿈속에서 마음껏 자기가 펼쳐나갈 것이라고 믿는다. 그리고 못다 읽은 책은 아침에 학교 가기 전 시간이 남으면 반드시 마저 읽고 간다. 그리고 그걸 책가방에 넣어서 간다. 배드타임북도 아이 스스로 꿈을 꾸고 이루게 하려면 반드시 실천해야 할 방법 중 하나다. 그러면 아이가 좀 자라서 일과를 지내다 보면 무척 바쁜 날이 하루 이틀 생기게 마련이더라도 잠들기 전 한 권은 반드시 읽게 되니 하루도 빠짐없이 독서가 되는 독서습관이 잡히는 것이다. 지금도 희망이 복덩이는 잠들기 전 책을 읽지 않으면 허전해서 잠들지 못한다. 그래서 집을 떠날 일이 있으면 반드시 세면도구처럼 필수품으로 책을 챙긴다.

배드타임 북은 아이가 잠들기 전 양치질을 잊고 자면 깨워서 하고 재우는 심정 또는 각오로 해야 한다. 양치질, 씻기 등의 생활습관은 부모가 사춘기가 지나서까지 잔소리를 한다. 그런데 왜 책은 평생 읽어야 한다는 각오로 접근하지 않는가? 양치질과 씻기는 잘하지 않는가? 왜 그럴까? 그건 모든 사람이 하니까 뇌에서 당연히 하는 것이라고 받아들인다. 그리고 엄마, 아빠가 하니까 싫든 좋든 마땅히 해야 하는 거로 생각한다. 물론 가끔 그냥 넘어갈 때도 있지만 다음날이면 또 어김없이 잘 하지 않는가. 생활습관이니까 안 하면 입속이 찝찝하니까 얼굴도 찝찝하니까 한다. 책 읽기도 그렇게 읽지 않으면 뇌가 고프도록 뭔가 허전하도록 생활습관으로 만들어야 한다. 밥 한 끼 안 먹으면 마음 불편하듯이 책을 하루라도 안 보면 굶은 거나 마찬가지라고 믿고 키워야 한다. 그 각오로 계속 살아야 한다고 강조하고 싶다. 책 잘 본다고 믿고 내버려 두면 큰코다친다. 아이가 적어도 10살이 될 때까지 (원하면 더 오랫동안) 잠들기 전 책 읽기는 해 줘야 한다. 혹자는 초등 6학년까지 읽어 주어라고 하지만 자녀가 원하면 몰라도 희망이는 원하지 않는다. 읽는 속도가 빠르면 누군가 읽어주는 것이 답답해서 못 견디니 말이다. 그런데 혹시 맞벌이라서 힘들다고 하소연하고 싶은가? 나도 맞벌이로 애들 키웠다. 한참 희망이 책 읽어줘야 했던 초등 3학년까지 가장 치열하게 경제 활동을 했었다. 그러니 결심하면 다 할 수 있다고 말해주고 싶다. 배드타임 북을 할 것이라고 결심부터 하면 꼭 할 수 있다.

책을 읽어주면서 책 속에서 수많은 사랑스러운 표현이 나올 때마다 여러 번 반복해서 읽으며 스킨십도 하고 낮에 못다 한 이야기도 나누고 엄마의 사랑을 온전히 느끼도록 해주면 좋다. 왜 엄마가 다 해야 하냐고 묻는 사람도 있다. 한때 나도 그런 억울한 마음도 있었다. 그건 뒷장에서 더 길게 적어 놓았지만, 남편은 무조건 큰 아들이라고 결론 내려야 한다. 달래고 꼬드겨야 한다는 거다. 이건 처음부터 해야 정말 잘 되는데 하지만 포기하면 안 된다. 엄마가 열권 읽어주는 것보다 아빠가 한 권 읽어 주는 게 더 효과적이니까. 희망이와 복덩이는 호랑이 목소리 할머니 목소리 토끼 목소리 다 똑같은 아빠가 읽어주는 동화책 잘 듣고 자랐다. 아무런 불평도 없이 말이다. 희망이는 묵묵히 잘 듣더니 복덩이는 영 집중이 안 되는지 8살 되니까 무조건 엄마가 읽어달라고 하긴 했었다. 그땐 할 수 없이 엄마가 주구장창 읽어 줘야지 하며 읽어주었다. 힘들어도 내가 온전히 혼자 낳았듯이 애가 원하는데 어쩔 수 있나. 한 권인데. 사실 지금은 한 권도 아니다. 책이 두껍다 보니 10장 남짓 읽으면 잠들 때도 있다. 잠든 걸 보면 이내 책을 덮곤 했는데 잠들어도 2바닥 정도 더 읽어주면 뇌는 다 듣고 있어서 좋다고 한다. 나처럼 이런 경우가 아니면 일요일 밤만 아빠가 읽어주는 날로 정해 봐도 좋을 것이다. 물론 다른 요일도 좋고 각자의 입장에 맞추어서. 정서적 교감과 독서 습관을 기르기 위해 하는 행동이니만큼 오랫동안 할 수 있는 계획이 효과적이다. 주 3회 읽어달라고 하면 남편이 약속이 많아질 거다. 눈치 빠른 나는 일주일에 월화수목금토 6번을 읽어줄 테니 넌 주 1회만 읽어주세요. 했다. 작전은 성공이었다. 일주일 내내 읽어주는 날도 많았다.

"일주일에 한번만이라도 읽어라고! 한 번도 못 읽어줘?" 이러면 작전 실패할 확률 100%다. 달래고 꼬셔라. 큰아들이다. 잊지 마시라.

특히 남자아이에게 아빠가 책을 읽어주면 남자아이는 책 읽기도 축구나 로봇 장난감 놀이처럼 즐거워하고 놀이로 받아들이기 쉽다. 여자아이에게는 두말할 나위가 없다. 사회성이 좋아지고 낮은 톤의 목소리가 뇌를 더 자극하여 창의력에도 아주 좋다. 논리적인 뇌를 소유한 남편에게 이 말을 전하며 일주일에 한 번 읽도록 협조를 구해보자. 주 1회지만 월 4~5회가 되고 수년 동안 지속되면 이미 주 1회가 아니라 자주자주 읽어주고 있는 남편의 모습을 보게 될 것이다. 단 절대 주 1회 읽어줄 때 폭풍칭찬과 지인에게 가끔 소문을 내 주어야 한다는 걸 기억해야 한다. 또한 하지 말아야 할 것은 남편에게 더 읽어달라고 하지 말아야 하며 호랑이 목소리, 할머니 목소리, 할아버지 목소리, 병아리 목소리, 다 똑같다고 불평을 가지면 안 된다는 것이다. 아이에게는 원래 아빠들은 그렇다고 이해시키고 잘한다고 아빠가 책을 읽어주는 것은 행복한 일이라고 이야기 해주는 것도 좋다. 만약 나처럼 무조건 엄마가 읽어달라고 하면 할 수 없지 않은가? 여기에 동지가 있으니 너무 억울해 하지 않기를 바랄 뿐이다.

늦지 않았다
당신의 아이도 책벌레가 될 수 있다

희망이가 가장 존경하던 사람은 세종대왕이었다. 1년 전부터 장기려 박사로 바뀌었지만.

눈병이 날만큼 책을 읽고 오늘날 우리만의 글을 갖게 해준 분에 대한 감사를 절대 잊으면 안 된다는 걸 내게 말한 적이 있다. 나 역시도 세종대왕을 존경한다. 한글날이 더욱 성대하게 치러졌으면 하는 마음이 간절하다. 백성을, 나라를 얼마나 사랑했으면 한글을 창제할 생각을 하셨나. 글을 몰라 억울한 일을 당하고 글을 몰라 무지하게 살아가는 백성에 대한 사랑하는 그 마음을 이제야 조금은 알 것도 같다.

만백성이 책을 읽을 수 있다면 얼마나 좋을까? 하는 애민의 정신으로 한글을 창제하시고 모진 반대를 이겨내고 결국은 반포하셨다. (관련도서 - 초정리편지를 희망이는 10번도 넘게 읽으며 매번 깊은 감동을 받는다고 했다.)

타고난 독서광이었던 세종대왕처럼 내 아이도 책벌레가 되기를 간절히 바라는 마음은 이 세상 모든 엄마의 마음일 것이다. 결코 쉽지 않다. 내가 해봐서 잘 안다.

늘 아주 순탄하게 희망이, 복덩이는 책벌레처럼 책을 잘 읽어서 어려움이 없었다. 라고 말할 생각은 추호도 없다. 그건 사실이 아니니까. 나 역시도 책을 읽지 않으려는 아이들의 모습을 만난 적도 있었고, 잔소리도 한 적도 있었고, 심지어 화를 낸 적도 있다. 그건 답이 아니다. 오히려 책과 담을 쌓게 하는 지름길이다. 그럴 땐 아이의 욕구가 무엇인지 잘 살펴야 한다. 나도 일주일에 2~3권씩 책을 읽는 편인데 심각한 고민이 있거나 잔뜩 화가 난 상태에서는 책이 읽히지 않을 때가 많았다. 내일까지, 모레까지 읽어야 하는데 도무지 읽어내지 못할 뿐 아니라 책을 읽지 않는 아이의 마음도 이해할 수 있었다. 너도 마음이 복잡하구나. 너도 뭔가 해결되지 않은 마음 속 숙제가 있구나.

그뿐이 아니다. 사회성이 뛰어난 아이들은 책을 충분히 보면서 독서할 시간과 친구와 놀 시간을 적절히 나눠가면서 논다. 3일 동안 책을 보지 않았다면 3일후 3일치의 책을 본다. 반드시 기억해야 한다. 나의 아이에게는 태교도 해주지 않았고 태어나서도 맞벌이로 바빠서 그림책을 읽어준 적이 없다고 포기하지 말기를 당부한다. 물론 그때부터 해주면 금상첨화이지만 작가들 중에는 중학생부터 책을 좋아한 사람, 고등학교 때부터 책읽기를 좋아한 사람 등 시기는 그리 중요하지가 않다. 지금이라도 내 아이와 대화를 더 나누어야 한다. 더 자세히 말하자면 대화보다도 함께 시간을 보내라. 옆집 아이, 조카와 함께하는 것은 뒤로 미루고 아이와 단둘이 산책도 하고 배드민턴도 치고 보드게임도 해 주어라. 그런 다음에 대화를 해야 한다. 우리가 대화를 하려면 마음의 문을 먼저 열어야 하는데 마음의 문을 여는 작업이 아이들에게는 놀이가 가장 최우선이다. 내가 아이에게 원하는 것이 있을 땐 함께 놀아줘라. 그러면 곧 아이가 들어줄 것이다.

바로 책 한 권 또는 두 권을 잘 보이는 곳에 늘어놓는 것이다. 절대로 읽으라고 한다거나 읽어준다고 먼저 말하지 않아야 한다. 이때는 아이가 관심있어 하는 공룡, 자동차, 우주, 인형, 가족, 동물 등의 그림책을 골라야 한다. 엄마가 강요하지 않아도 먼저 책에 관심을 보일 것이다. 이때도 읽어주려고 한다거나 읽으라고 해도 안 된다. 아이를 관찰하다가 읽어줄까? 하고 넌지시 물어본다. 그때 읽어달라고 하면 읽어주고 괜찮다고 하면 내버려 둬라. 속상해 하지도 말고. 그 다음 작전이 있으니까 말이다. 아무리 둬도 관심이 보이지 않는 아이에게는 엄마가 그 책을 아이가 보는 곳에서 읽는다. 물론 마음속으로 그리고 리액션을 한다. 몰랐던 사실을 알게 되었을 땐 "아, 이러이러했구나. 처음 알았네. 세상에!" 이런 식으로 추임새를 과장해서 넣어 읽으란 뜻이다. 조금만 웃겨도 소리 내어 크게 웃어라. 그럼 3초안에 아이가 달려올 것이다. 반드시 그때 무릎에 앉히던지 곁에 앉혀서 재미있게 읽어주고 더 읽고 싶어 하면 집에 있는 책을 가져오도록 한다.

가끔 책을 고를 때 엄마가 책을 고르는 경우가 있는데 그건 아이가 책과 멀어지게 하는 좋은 방법이라고 할 수 있다. 혹시 꼭 이 좋은 책을 꼭 읽었으면 하는 책이 있다면 하루에 한권 정도만 권하고 나머지는 아이가 읽고 싶어 하는 책을 읽도록 해 주어야 한다. 물론 나의 경우 만화책은 여기서 제외다. 아이의 책을 엄마도 재있게 읽는 모습을 보여주면 아이가 곧바로 책을 본다. 이걸 꾸준히 계속 해 주면 된다.

결국 엄마도 책을 읽어야 아이가 책을 읽는다는 이야기가 된다. 이건 부정할 수 없는 진리고, 이치고, 원리이기 때문이다. 아이가 어릴 때는 책을 수십 권씩 잘 보다가 7살 즈음부터 더 재있는 바깥놀이나 장난감에 빠지면 책을 보지 않는 경우가 있다. 이때에도 늘 엄마가 책 읽는 모습을 보이면 걱정할 거 없다. 사흘, 나흘을 책 한 번 펴보지 않던 아이도 엄마 곁에서 책을 본다. 그러니 아이가 초등학교 가더니 책을 안 본다고 하기 전에 엄마의 독서는 안녕하신지를 살피고 읽기를 바란다. 그리고 유치원 때보다 책을 읽는 시간이나 책 읽는 양이 다소 적어질 것을 미리 예측하고 아이를 대하라. 잊지 말고 책 읽는 모습을 칭찬해 주어야 한다.

아이 둘을 키우면서 절실하게 느끼고 배운 것 하나는 엄마가 아이보다 앞서가면 안 된다는 것이다. 마음은 설사 앞서 가더라도 절대 아이에게 들키지 말아야 한다는 것이다. 엄마가 초등 저학년 때 숙제와 준비물 챙기기 등을 많이 도와주지만 나는 스스로 할 수 있도록 도움을 주려고 했다. 맞벌이로 키워왔고 앞으로도 맞벌이를 계속 해야 하는 엄마로서 물고기를 수백마리, 1톤을 잡아준들 무슨 소용이 있으리? 그래서 고기 잡는 방법을 알려주려고 애썼다. 인생을 살아가는데 고기 잡는 방법의 노하우는 독서가 으뜸이다. 엄마 또는 아빠가 책을 읽으면 고래도 잡고 오징어도 잡고 참치도 잡아

올릴 수 있을 것이다.

　학교에서도 독서교육을 강조한다. 실천하려고 앞다투고 있는 실정이다. 아이가 초등학생이 되면 대부분의 학교에서는 필독서 프린트를 나눠주고 읽도록 한다. 이 필독서에 관해서도 호불호가 나누어지는데 개인적으로 필독서는 권장 하고 싶다. 필독서는 엄마가 함께 몇 권만 읽어보면 알겠지만 좋은 책이 대부분이다. '아, 이래서 필독서구나.' 다. 제 학년의 관심, 고민, 일상사를 최고의 작가들이 얼마나 다양하게 접근해서 이야기로 풀어 놓았는지 말이다. 아이 책을 읽으며 아이를 더욱 이해하게 된다. 아이는 엄마가 친근하게 느껴진다.　어느 순간 "엄마는 어떻게 알았어?" 하며 아이도 엄마에게 친밀감을 나타낸다. 아이 책은 쉽게 읽히니 한 권이라도 읽어서 대화 거리를 다양하게 만들어 봐도 좋을 것이다.

　아이가 책을 멀리하려고 할수록 전집을 들이는 횟수를 줄이거나 없애고 단행본을 읽게 하도록 권하고 싶다. 70권, 80권 되는 전집이 떡 하니 꽂혀있는 책장이 아이에겐 숙제같이 느껴질 수 있기 때문이다. 유치원 때까지는 짧은 책이 주를 이루니 (10분 만에 읽을 수 있는 책) 전집은 물론 모든 책을 좋아한다고 했던 엄마들이 많았다. 그 엄마들이 초등학교 들어가서 학년이 올라갈수록 책을 좋아하지 않는다고 한다. 책보다 재미있는 것이 얼마나 많은데 1시간 이상을 가만히 앉아서 읽어야 하는 책을 선택하겠는가? 그 마음과 상황을 이해해 주어야 한다. 이제 책을 안 본다고 단정 짓지도 포기하지도 말아야 한다. 아무리 좋아하는 취미생활도 휴식 시간이 필요하다는 걸 알지 않는가. 사람에 따라서 휴식이 3일이 필요한 사람이 있고 일주일이 필요한 사람이 있다. 휴식기를 충분히 이해하고 기다려 주어야 한다. 어느새 아이의 눈빛과 마음, 행동을 관찰해보면 더 큰 세상으로 나가고 또 중요한 것 하나를 책과 접목시킨다고 나는 믿고 있었다. 그것을 우리는 사회성이라고 부른다.

어떤 단행본을 읽도록 해야 하냐고 또 묻는다. 이것은 내 아이를 진심으로 사랑하고 자녀가 직접 물고기를 잡아 올리게 하고 싶은 엄마들은 알 수 있다. 그 때 일상에서 일어나는 또는 자녀가 관심 있어 하는 주제의 책을 사거나 빌리면 아이는 행복한 책벌레가 된다. 예를 들어 지금 새해가 조금 지났다. 새해와 관련된 책을, 졸업식과 새 학기가 되면 그 관련 책을, 친구와 사이가 아주 좋을 때도 좀 나쁠 때도 친구 관련 책을, 선생님과의 관계가 좀 힘들어 보이면 그 관련 책을 빌려주거나 사주면 된다. 신기할 만큼 관련도서들이 넘쳐날 만큼 많이 있으니 도서관 검색창에 관련 단어를 꼭 검색해 보기 바란다.

책을 대하는 자녀를 대할 때 주의해야 할 것이 있다. 복덩이는 남자아이 특유의 바깥놀이를 좋아하지만 감사하게도 책도 좋아한다. 어릴 땐 책을 읽고 마구 어질러 놓았다. 다리도 만들고, 집도 만들고, 거실바닥에 깔고, 책을 거칠게 대하며 놀았다. 찢거나 낙서하지 않으면 (5세 이전엔 찢거나 낙서를 해도 놔뒀다.) 잘 한다고 하고 함께 하려고 해 주었다. 특히 책을 대하는 아이를 보면 어떤 모습도 긍정적으로 받아들이고 수용해 주어야 한다.

책벌레가 되기 위해서는 책을 던져도 보고, 찢어도 보고, 먹어도 봐야 책 읽기가 공부가 아니라 놀이고 생활이 되는 것이다. 마치 내가 책을 보면서 밑줄을 박박 긋고 별을 그리고 쓰고 싶을 땐 마구 쓰는 것처럼 말이다.

가장 중요한 것은 내 아이가 고등학생이라 해도 책 읽기가 더 바른 길이라는 것을 받아 들이는 마음을 가진 부모라면 늦지 않았다. '우리 아이는 너무 늦었어요.' 라는 말은 '나는 우리 아이를 포기했어요.' 라는 말과 같다고 생각한다. 아이가 어른이 되어 사회생활을 하면서 스스로 독서를 하게 되면 그 또한 기쁜 일이다. 그러나 청소년기의 독서가 너무나도 중요하다고 독서 전문가들은 입을 모으고 있다. 정체성이 만들어지는 시기이기 때문이다. 좋은 책을 읽어서 정체성과 인성을 기르는 것은 건강한 어른이 되는데 밑거름이 되는 것이기 때문이다.

생명을 탄생시키는 일은 실로 엄청한 일이다. 그만큼 어렵고 힘든 일이다. 하지만 그것을 우리는 해냈다. 그런데 아이가 책 읽는 것을 포기한단 말인가? 아이를 낳는 것보다 어렵지 않다. 포기하지 않기를 바란다. 내 아이의 눈부신 미래로 보답 받을 것이다.

독후 활동보다
책읽기에 집중해야 한다

독후 활동은 아웃풋이다. 먹을 만큼 먹어야 똥을 싼다. 100℃가 되어야 물이 끓듯이 책도 읽을 만큼 충분히 읽어야 독후 활동이 자연스럽게 나온다. 억지스러운 독후 활동은 아이가 책과 멀어지게 한다. 책벌레가 되지 못하는 가장 큰 원인 중의 하나이기도 하다.

저학년 때는 책을 읽은 후 한 줄 정도 간략하게 적을 수 있을 정도이면 충분하다. 그걸 말로 해도 무방하다. 여자아이는 그림이면 그림, 글이면 글 대체로 좋아하는 편이라 재미있게 독후 활동을 할 것이다. 엄마가 조금만 더 부지런히 움직이면 꽤 멋진 독서기록장을 만들어나갈 것이다.

문제는 남자아이다. 우리 집 남자아이도 예외는 아니었다. 희망이는 독서기록장도 곧잘 했지만, 복덩이는 좋아하지 않았다. 그 특성을 먼저 인정하고 저 학년 때까지는 짧게 간략하게 쓰도록 했다. 그리고 여러 가지 독후 활동을 할 수 있는 종이를 프린트해서 지겹지 않도록 새롭게 느끼도록 했더니 독서기록장 하는 것을 싫어하진 않았다. 그러다 50권이 넘어가고 100권이 넘어가니 스스로 뿌듯해하면서 우쭐해 하며 독서 기록하는 것을 곧잘 했다.

이 모든 활동도 책읽기에 중점을 먼저 두라는 것을 강조하고 싶다. 복덩이는 독서기록장을 쓰기 싫어하지만 적어놓은걸 보면 깜짝 놀라고 흐뭇해서 저절로 칭찬하게 된다. 그러면 아이는 더욱 신나서 독서기록이나 책 읽기를 즐겨하게 된다. 책 읽기로 충분히 가득 채우지 않았다면 억지로든 저절로든 했을 때 이런 문장과 단어를 사용하는 게 가능했을까 싶다. 그러니 독후 활동을 싫어하면 억지도 시키려고 하지 말고 저학년까지는 좀 안 써도 된다.

물통에 물을 가득 담는 중이라고 굳게 믿고 차곡차곡 쌓이게 하자. 물이 가득 차야 넘쳐 흐른다는 원리를 믿고 기다려 주자. 책과 친하게 바라봐 줘라. 고학년부터 써도 절대로 늦지 않다. 저학년 때까지는 독후 활동할 시간에 차라리 책을 한 권 더 읽고 대화로 이야기를 나누는 게 나중을 위해 나을 것이다.

희망이의 경우 저 학년 때 독후 활동을 별로 하지 않았다. 그림 그리고 적는 걸 좋아해서 그림으로 조금씩만 했다. 또 수없이 읽어대는 터에 나중엔 어느 분야를 주로 읽고 관심 있어 하는지 관찰할 목적으로 독서기록 노트를 준비했다. 날짜, 이름, 지은이, 출판사 정도 적고 나서 한두 줄 간략히 느낌 쓰는 정도만 했다. 이마저도 싫은 날에는 하지 말라고 했다. 어느 순간 100권이 되고 200권이 되고 500권이 넘어가니 스스로 뿌듯해하며 한 두 줄로는 부족해서 안 되니 독서기록장으로 옮겨서 썼다.

이건 시간이 남아돌아야 한다. 그러려면 사교육을 받지 않아야 무조건 시간이 확보된다. 시간은 황금보다 귀하다. 어디 성적에 비할 문제인가? 그걸 일찍 알게 된 것에 감사할 따름이다. 희망이와 복덩이에게 독서를 강조했고 습관이 되도록 바라봐 주었다.

그렇게 강요하지 않은 독후 활동이지만 4학년 때부터 희망이는 학교에서 인증제 도서를 열심히 읽고 독후 활동을 성실히 잘했다. 주인공에게 편지 쓰기, 다음 이야기 꾸미기, 기자처럼 취재하기 등 장르를 만들어 내어 하는 게 아닌가. 어떻게 알았냐고 물으니 독서록 쓰는 책에 다 나와 있어서 참고로 한두 권 읽어봤다고 했다. 그리고 동생은 누나 덕분에 2학년부터 독서록을 성실히 썼다. 환경이 얼마나 중요한지 새삼 느끼게 하는 순간이었다. 누나가 독서록을 지겨워하지 않고 재밌게 쓰다 보니까 쓰는 것인지 알고 거부 반응 없이 쓴다. 사실 어떤 때는 복덩이 독후 활동이 더 재밌고 더 실감 나고 더 창의적이다. 이 녀석은 문학적 기질이 좀 있나 싶은 생각도 깊이 하게 한다.

복덩이는 태권도장에 4년째 다니는 것 말고는 사교육을 받지 않아 시간이 꽤 많다. 저학년이라 꼭 놀아줘야 하니 놀고 난 후 남은 시간은 거의 책을 보고 빈둥거리기도 하고 지낸다. 남자아이라 책도 살짝 대충 읽고 넘어가나 싶어도 어느 순간 대화를 나눠보면 내가 어른과 앉아있는지 아이와 앉아있는지 놀랄 때가 있었다. 이런 일은 가끔 있는 일이지만 대화상대가 된다는 게 기특하기도 하다.

희망이와 복덩이는 1주일에 5권 정도의 책을 읽으면 독서록은 한 권 정도 한다. 아주 감동적이었거나 놀라운 책 내용 등이 있으면 일기장 또는 독서록에 기록한다. 매주 수요일로 정해두고 해야 한 달이면 독서록 4권, 1년이면 48권의 독서록을 하게 되고 이는 4학년부터 해도 절대 늦지 않다고 말하고 싶다.

개인차가 있긴 하지만 아이의 소질이나 특성에 따라 좀 더 일찍 좀 더 늦게는 부모가 아이를 사랑의 눈빛으로 잘 관찰하고 판단해야 할 몫이다.

부모님께 권하는 책

① 푸름이 이렇게 영재로 키웠다, 최희수, 신영일 저

② 푸름이 엄마의 육아 메시지, 신영일 저

③ 잠수네 아이들의 소문난 영어 공부법, 이신애 저

④ 48분 기적의 독서법, 김병완 저

⑤ 독서는 절대 나를 배신하지 않는다, 사이토 다카시 저

아이에게 권하는 책(저학년)

① 책으로 똥을 닦는 돼지, 최은옥 저

② 꼬마 사서 두보 , 양연주 저

③ 공부만해서 문제야, 김현희 저

아이에게 권하는 책(고학년)

① 초정리 편지 , 배유안 저

② 책과 노니는 집, 이영서 저

③ 백번 읽어야 아는 바보, 김홍식 저

제3장
윤리(Ethics)

엄마는 된장찌개 못 끓여도
요리학원을 등록하지 않는다

　26살에 결혼을 하고 27살에 희망이가 태어났다. 나의 첫 육아가 시작되었다. 본격적인 반찬 만들기도 시작되었다. 지금은 무난하게 (우리 복덩이는 엄마가 한 음식은 다 맛있다고 하지만^^) 된장찌개 김치찌개를 끓여서 맛있게 먹지만 결혼 3년 차까지 가장 어려웠던 요리가 된장찌개와 김치찌개였다. 하지만 한국인은 된장찌개 김치찌개를 대부분 좋아하니 끓여 내야 하는 숙명을 져 버릴 수가 없었다. 실패를 수십 번 거듭해도 포기하지 않고 했다. 나만 그랬을까? 주변에 물어보니 김치찌개 된장찌개가 가장 어려웠다는 사람이 꽤 많았다. 그때 남편이나 아이가 맛없다고 요리학원 다녀 라고 권하면 어땠을까? 나는 왜 요리 학원을 등록하지 않고 이렇게 반복 실패만 하고 있었을까? 참 좋은 충고라고 인정했을까? 아니었을 것이다. 그랬다면 솔직히 나는 아직도 김치찌개 된장찌개를 잘못 끓이는 15년 차 주부가 되어 있었을 것이다. 나는 수십 번의 실패 끝에 잘 끓일 방법을 찾아간 것이다. 이렇게 끓이면 실패한다는 방법을 머릿속에 저장한 셈이 된다. 에디슨이 전구를 발명할 때처럼 말이다.

지금 우리 아이들의 현실을 대입해 본 것이다. 곱셈을 배우기도 전에 학원이나 학습지를 시킨다. 그리고 100점이 되지 않는다고 다른 학원을 수소문한다. 실제로 점수가 떨어졌다고 시험 직후 공부방을 옮기는 아이도 여럿 보아 왔다.

엄마들은 깍두기를 담아야 하는데 못 담는다고 요리학원 등록하지 않는다. 최소 먼저 담아본 분의 레시피를 듣고 해 보고 계속 시도한다. 될 때까지 말이다.

나 역시도 될 때까지 한다. 또는 도저히 안 되는 줄 알고 다른 요리로 도전하는 이도 있다. 이렇게 했을 때 어떤 문제가 발생하는가? 전혀 발생하지 않는다.

우리 사랑스럽고 소중한 자녀들도 학원에 다녀서라도 배우고 싶은 공부가 있을 수도 있지만 잘 안 된다는 걸 스스로 느낄 시간이 필요할 것이다. 우리는 아이가 도움이 필요한지 어떤지 스스로 느끼기도 전에 선행하고 학원을 등록한다. 잘하면 잘하니까 더 잘하기 위해 1, 2년씩을 선행하고 못하면 못하니까 학원에 다닌다.

내가 하고 싶은 말은, 된장찌개 끓이듯 처음에 좀 못해도 하다 보면 잘할 수 있는데 그걸 아무도 기다려 주지 않는다는 거다. 우리애만 안 다니니 어찌할 거냐고 되묻는다. 둘이나 키우고 있고 학교 도서관을 출입하면서 지켜본 결과 과연 아이들은 학원 + 학습지 + 공부방 + 그룹과외 + 예체능을 기본 두 세 개씩은 하고 있다. 정말 시간이 없는 초등학생들이 맞다.

하지만 그에 휘둘릴 필요 없이 독서로 아이를 눈부시게 키운 엄마들의 육아서를 한 권, 두 권 읽는 것이 바르고 빠른 길이다. 마음이 심란하거나 귀가 팔랑이려고 할 때 육아서를 읽는다면 아이의 학교성적이 좀 떨어지더라도 우왕좌왕 하거나 불안하지 않게 된다.

아이를 키우면서 육아서를 100권을 넘게 읽어왔다. 현재도 쏟아져 나오는 육아서를 읽는다. 좀 다른 이야기가 있나 싶어 읽어 보면 한결 같이 같은 말이다. 첫째도 둘째도 독서라고 말이다. 나 역시 우리 아이들이 꿈을 이뤄나가는 데 있어서 그 꿈을 이룬 후에 독서가 가장 큰 도움이 되었다고 말할 것이라고 믿어 의심치 않는다.

이렇듯 엄마들도 요리가 되지 않을 때 레시피를 찾거나 요리책을 참고하는 것처럼 아이도 책을 읽다 보면 그 속에서 더 알고 싶어지는 분야가 생기게 마련이다. 우리 애는 절대로 없어요. 한다면 아이에게 책을 한권 다 읽었을 때 질문을 해 보라. 다 읽고 더 알고 싶은 점은 없었는지, 가장 기억에 남는 게 어떤 내용인지, 이야기를 듣고 나서 그와 관련된 책을 다시 한 권 더 찾아주면 된다. 꼬리에 꼬리를 무는 독서를 할 때 아이의 관심이 어디에 있는지 알 수 있고 깊이 있는 독서를 하는 습관도 들이게 된다.

초등학생이 학교 시험 좀 못 쳤다고 학원에 보내거나 학습지 하려고 하지 말자. 더욱 독서에 빠져들게 해보자. 된장찌개가 맛없다고 남편이 요리학원 등록하라고 한다면 우리는 그 요구를 기분 좋게 받아들일지 생각해 보면서 말이다.

어느 날 문득 남편이나 아이가 잡채를 자주 먹고 싶으니까 요리학원을 가라고 한다면? 나는 듣도 보도 못한 요리학원을 등록해라며 내몰아낸다면 어떨까? 이미 잡채도 만들 줄 알고, 맛도 괜찮다고 생각했는데 '그것도 별로 맛이 없었구나.' 실망하며 모든 음식에 자신이 없어질 것이다. 음식 만들기는 점점 자신이 없어지고 결국 가장 어렵고 싫어하는 집안일중의 하나로 떠오를 지도 모른다.

우리 아이들이 지금 공부를 싫어하고 독서마저도 싫어하는 것은 이와 다를 것이 없다. 초등 5학년이 되면 사회 과목에서 역사를 배운다. 아이가 관심이 있는지 없는지조차 고려하지 않고 2학기에 배울 한국사를 3학년, 4학년부터 한국사 논술학원으로 보낸다. 한국사는 우리의 역사이기에 당연히 관심을 가져야 한다. 학원보다는 우연한 기회에 이야기를 많이 나누는 것이 더 낫다. 얼마 전 '위안부 협상'도 내내 뉴스에 나왔다. 얼마나 많은 사람이 관심을 가지고 거리로 나와 주장까지 했냐 말이다. 그때 아이와 이야기를 나누면 아이는 당연히 관심을 보이게 된다. 그렇다면 한국사 중에서도 조선 후기부터 일제강점기까지의 역사책을 골라 읽어주거나 읽게 해주면 된다. 그리고 의문점이나 가장 기억에 남는 것 한 가지만 물어보고 그에 관한 의문을 풀 수 있는 시대의 책을 읽을 수 있도록 해주면 되는 것이다. 시작도 하기 전에 한국사 학원을 등록해서 하라고 하면 아이는 매사에 자신이 없어지고 모든 공부까지 싫어지고 심지어 그나마 가끔 읽던 책도 멀리하게 된다.

된장찌개 맛없었다고 요리학원 등록하지 않을 거라면 아이의 시험성적 결과로 이 학원 저 학원 옮기거나 등록하지 말고 위로부터 해줘라. 누구보다도 아이가 가장 많이 더 속상할 테니까 말이다. 인간의 기본욕구이기 때문에 모든 인간은 공부를 잘하고 우수해지고 싶어 한다. 우리의 자녀도 그런 본성이 반드시 있다. 하지만 귀가해서 잠들 때까지 편안하게 단 10분이라도 아이의 말에 귀 기울여 주고 눈빛을 교환한다면 그 욕구가 더 쑥쑥 자랄 텐데 늘 엄마만 말하는 일방통행 대화라면 그 욕구는 분명 줄어들어 있을 것이다. 바쁜 내가 이 요리 학원 저 요리학원 다니며 스트레스 받고 힘들고 외로운 것처럼 학원으로 내몰리고 옮겨지는 내 아이는 어떨지 처지를 한번 바꿔서 생각해봄이 좋을 것이다.

늦은 때는 없다. 아이가 원하는 것이 무엇인지 알고 받아주는 부모일 때 아이의 행복한 미래가 보장될 것이다.

학원정보 알아볼 시간에
교과서를 살펴보아라

　희망이가 전교 회장이 되었을 때 주변 엄마의 첫 질문은 "희망이는 학원 어디 다녀요?" 였다. 나는 웃을 수 있었고 겸손하게 학원은 다니지 않는다며 책을 조금 많이 읽는 편이라고 했다. 원하는 답을 못 얻어서 시큰둥해 하던 표정이 내내 기억이 난다. 집으로 돌아오니 대문에 그날도 학원 전단지가 2개나 붙어 있었다. 다행스러운 건 전단지에 적힌 글을 모두 읽어도 마음의 동요나 귀가 팔랑거리지 않는 뚝심이 생긴 것이다. 이 땅에 책을 써낸 모든 분께 감사할 일이다.

　희망이가 초등 5학년 기말에 올백에 가까운 시험성적이 나왔다. 초등학교 시험도 100% 서술형으로 바뀌었기 때문에 책을 읽지 않아 이해력이 부족한 학생은 써낼 묘안이 없다. 단답형은 단 한 문제도 없을뿐더러 객관식은 아예 없다. 이 글을 읽고 갓난아기 안고 있는 엄마나 유치원생 엄마 앉혀 놓고 논술학원부터 보내란 말은 하지 말았으면 좋겠다.

초등학교 시험이 100% 서술형으로 출제가 되는 세상이 오리라고 예상했던 건 아니었다. 희망이와 복덩이는 그 시험의 수혜자였다. 아들을 가진 부모들이 특히 원성이 높았지만 나는 정말 이 시험제도가 좋았다. 학원에서 시험문제 내내 풀고 실수라도 하지 않도록 아이들을 길들여서 과거에 치렀던 일제식 시험에는 학원에 다니는 아이들이 빛을 볼 수 있었다. 물론 그때도 희망이는 시험성적이 90점 후반대였지만 초등학교 성적에 연연해 할 마음이 없어 정확히 기억은 나지 않는다. 서술형 시험에는 사실을 적는 경우도 있겠지만 생각을 쓰기도 하고 교과과정을 정확히 숙지하고 이해해야 적을 수 있는 문제이기 때문에 반드시 유지 되어야 한다고 주장한다.

어려워하거나 겁낼 이유가 없다. 독서가 자리 잡혀 있지 않은 아이라도 일단 시험은 쳐야 하고 준비는 시켜주어야 한다. 희망이 복덩이는 시험도 학교 교과서로 거의 해왔다. 시험 일자가 닥치고 시작하면 늦기 때문에 평상시에도 주1~2회 정도 국, 수, 사, 과 교과서를 가지고 오도록 했다. 그러면서 수업시간에 충실했는지 조금 놀아가면서 했는지는 교과서를 보면 100% 알 수 있다. 이때 가져온 교과서에는 낙서가 되어 있을 것이고 필기를 하지 않아 깨끗하거나 필기를 엉망으로 해 화가 머리끝까지 날 것이다. 절대로 아이에게 화를 내면 안 된다. 교과서를 가져오라고 하는 것을 감시라고 받아들이고 학교수업에 적극적이 아닌 반대의 길을 걸을 확률이 높기 때문이다. 처음엔 "이런 거 배우는 구나. 엄마 때도 이거 배웠는데 이건 똑같네? 이 문제는 좀 어렵지 않았어? 어려웠을 텐데 잘 적어 놨구나." 하며 관심을 나타내는 정도로 시작하고 교과서에 필기할 때는 수행평가에 들어가기도 하니까 바르게 글씨를 쓰도록 하라고 일러준다. 그리고 실제로 문제집 채점을 해본 엄마는 알 것이다. 글씨에 따라서 동그라미와 비 내림이 왔다 갔다 할 수 있다는 사실을 말이다. 선생님도 엄마와 똑같은 사람이기에 그 점은 비슷하리란 것을 엄마도 아이도 알고 학교생활을 시작해야 한다.

2월 종업식을 하기 전에 항상 다음 새 학년 새 학기의 교과서를 받는다. 그리고 봄방학이 된다. 봄방학 동안 거실에 책꽂이가 있다면 꽂아두자. 옆집 엄마, 직장 선배들이 학년이 올라가면 뭐가 어려우니까 무슨 학원은 꼭 보내고 무슨 과목은 학습지를 시키고 하랬다고 발을 동동 굴린다. 어렵게 알고 가입한 인터넷 카페에서 학원 질문하고, 아는 언니한테 고민을 상담한다. 내가 낳은 아이는 남편과 의논하거나 소신껏 해야 하지 않겠는가? 너무 많은 멘토는 배가 산으로 가게 한다. 단 한 명의 멘토와 의논 대상은 남편, 책이 가장 적합할 것이다. 그렇게 육아에 소신을 먼저 세우고 주변의 들쑥날쑥한 수많은 정보에서 귀를 좀 닫아야 할 때이다. 거실에 꽂아둔 아이 교과서를 찬찬히 살펴보아야 한다. 무엇이 어려워서 꼭 학원을 가야 하겠는지 교과서의 어느 한 부분을 짚으며 지적해 볼 수 있어야 한다. 국어를 예를 들어 학습 목표가 있고 지문이 있고 공부할 문제들과 필기를 해야 할 공간이 있다. 모든 과목이 학습 목표가 곧 시험문제가 될 만큼 중요하다는 것을 말해 준다. 지문을 성실히 읽는다면 교과서에 나온 문제는 어렵지 않게 적을 수 있을 것이다. 우리의 현실은 어떤가. 교과서 맨 뒤 페이지에 집필진과 연구진 심의진을 보라. 매스컴에 나오는 유명한 사교육 강사들도 교과서를 중심으로 공부를 시작하라고 충고하고 있다.

이제 선택은 부모의 몫이다. 그런데도 교과서는 1년 동안 집에서 아이도 엄마도 한 번도 보지 않고 학원 정보만 알려고 할 것인지, 어떤 교육정책이 들이닥쳐도 흔들리지 않는 소신으로 자녀를 키워낼 소신 있는 부모가 될 것인지 부모가 선택해야 한다.

흔히, 교육은 100m 달리기가 아니라 마라톤이라고 한다. 그 말을 실감하는 중이다. 100m 달리기처럼 전력 질주를 하면 반드시 완주할 때 1등은커녕 완주할 가능성이 현저히 낮아진다. 자기조절과 기본체력이 기본이 되어야 한다는 건 너무도 상식이다.

아이가 학교에서 가져온 교과서를 찬찬히 보자. 그리 어렵지 않음을 알수 있을 것이다. 하지만 무관심하다가 어느 날 갑자기 아이의 교과서를 펼쳐보면 어렵게 보일 수밖에 없다. 이제 학년별로 교과서를 꾸준히 관심 있게 보기를 바란다. 알게 될 것이다. 갑자기 어려워 지는 게 아니라 그만큼 중간에 비었기 때문에 많이 어려워졌다는 것을. 꾸준히 관심을 갖고 1주일에 한 번, 그것도 힘들다면 한 달에 한 번이라도 아이와 함께 교과서를 살피는 것이 중요하다.

기분 좋은 분위기에서 교과서를 보고 대화를 나누어 보자. 어느 부분을 배울 때 가장 재미있고 흥미가 있었는지 물으면 자연스럽게 학교생활까지 이어 나갈 수 있다. 수업시간에 얼마나 충실하고 적극적으로 했는지도 가

늠해 볼 수 있다. 단 이때도 왜 발표를 한 번도 안 했냐며 딴짓한 것 아니냐고 윽박지르거나 화를 내면 모든 게 수포가 된다. 엄마가 교과서를 같이 볼 때만큼은 편안한 시간이라는 믿음을 심어주어야 학교에서 교과서도 잘 챙겨올뿐더러 교과서에 대한 긍정적인 인식이 되어 수업을 더욱 충실히 할 수 있다. 물론 쉽지 않은 일이다. 포기하지 않고 끈기 있게 하다 보면 어느 날 사교육 없이도 자신감 있는 아이로 키우는 당당하고 남부러운 가정이 될 것이다.

공교육을 믿어야
대한민국 미래가 밝아진다

얼마 전 큰아이가 2년 전 은사님을 찾아뵙고 싶다고 내게 말했다. 그 마음이 기특하고 예뻐서 전근 가신 학교 홈페이지를 찾아 아이 친구와 함께 데려다주었다. 2년 전 당시 솔직하게 말하면 담임선생님이 맘에 들지 않았고 불만이 오히려 더 많은 상태였다. 하지만 아이에게 선생님이 아주 좋은 분이시고 너를 아주 칭찬도 많이 하시고 관심도 많다고 뻥을 좀 섞어서 전해주었다. 그 말이 보약이 되었는지 아이는 선생님을 아주 좋아하고 존경하는 마음을 가지게 되었다. 물론 수업태도도 더욱 좋아졌으며 성적도 최상위권을 내달리는 기분 좋은 일이 유지되었다. 이렇게 썩 맘에 드는 선생님이 아닐지라도 엄마가 먼저 좋은 선생님이라는 신뢰를 아이 앞에서 보이게 되면 아이의 마음은 열리게 된다. 그렇게 선생님을 존경하게 되면 학교에 대한 긍정적인 마음으로 둘러싸여 숙제, 수업 등 학교생활이 적극적으로 변하게 된다.

예를 들어 1학기, 2학기에 한 번씩 있는 상담주간을 적극적으로 활용하기를 바란다. 상담 하러 가면 분명 좋은 말을 해주는 선생님과 그저 그런 말을 해주는 선생님이 계신다. 좋지 않은 말을 하시는 선생님도 계시니까 그 자리에서 모두 흘려버리고 나와야 한다. 그리고 교문을 걸어나가면서 아이에게 전해줄 칭찬 거리를 각색해서 들려주면 된다. 그건 아이에게 들었던 얘기도 함께 짜깁기하면 된다. "수업시간에 이렇게 저렇게 발표한다면서 칭찬 많이 하시더라". 그리고 "네가 ○○랑 친하게 지내고 있다고 다 알고 계시던데?' 하며 선생님이 많은 신뢰와 관심을 아이에게 갖고 계시다고 전해 주면 당장 그날 숙제하는 태도부터 달라진다. 저학년일수록 선생님의 영향은 학교생활의 전부라고 해도 과언이 아니니까 꼭 명심하길 바란다.

그랬다. 공교육에 대한 나의 신뢰는 크다. 자식을 키우면서 부모들도 많은 실수와 잘못을 하듯이 선생님들도 똑같은 사람이기에 실수도 하는 법이고 잘못도 하는 법이다. 홧김에 교장실을 찾아간다든지 하는 행동은 옳지 않다. 여러 번 생각하고 하룻밤은 잠을 자고 결정하는 것이 옳은 일이다. 주변에서 아이일로 교장실을 찾았던 엄마들은 하나같이 그때 당시는 속이 좀 후련해지는가 싶더니 시간이 갈수록 마음이 불편하더라는 것이다. 그러니 하룻밤을 자고 생각해봐도 찾아뵙고 말씀드려야 할 일이라면 최대한 예의를 갖추어 시간 약속이라도 먼저 정하는 것이 옳다. 그렇다고 무조건 참는 것도 좋지 않다. 담임선생님과 대화를 먼저 한 후 교장실로 찾아가도 늦지 않으니 담임선생님과 먼저 충분히 상담하면 오히려 더 나은 결론에 이를 것이다. 다만 아이 말만 전해 듣고 흥분을 하고 학교로 찾아가는 건 분명 오류가 있다는 것을 명심하길 바란다.

강대국들과 어깨를 나란히 하는 날이 오려면 교육이 기반이 되어야 한다는 것을 우리는 잘 알고 있다. 그 교육은 첫째가 독서이고 둘째가 가정교육 셋째가 학교 교육이 되어야 한다.

아직 어린 초등학생을 두고 가정교육이 좋으니 나쁘니 말을 하기엔 분명 빠른 감은 있지만, 친구들과 함께 지내는 것을 보면 느낄 수가 있다. 배려, 공감, 예의를 아는 아이란 것을 말이다. 무엇보다 인성을 바르게 기르려고 애썼다. 그래서 학교생활을 하면서 손해를 보는 일도 아주 많았지만 그 손해가 끝까지 손해는 아니었다. 눈앞의 손해가 1년 뒤에 큰 이익으로 돌아오기도 하니 엄마가 마음을 크게 먹고 넓은 혜안으로 아이를 대하고 길러야 한다. 그러기 위해서는 엄마인 우리가 책을 읽어야 한다. 내 어머니도 시골에서 농사를 짓고 사서서 책을 읽는 모습은 단 한 번도 뵌 적이 없다. 어머니는 인성 바르게 키우고 싶어도 한계가 있었을 것이다. 하지만 늘 인사부터 시작해 어머니께서 어떤 자식을 원하는지는 알 수 있어서 그렇게 커갔다. 그리고 부족했던 인성교육은 책에서 배울 수 있었다. 희망이, 복덩이가 지금 그 순서를 밟아가고 있다. 논어, 명심보감 등을 읽으며 부모가 다 가르치지 못하는 부분을 독서로 배워가고 있다. 그러면서 좋은 친구의 정의를 스스로 내린다. 이제 친구를 잘 사귀는 건 아주 중요한 일이란 것도 알고 있다. 가정교육과 학교 교육은 독서만 잘 되어도 다 잘 될 수밖에 없을 정도로 삶에 지대한 공을 하는 것이 사실이다.

인성이 바른 아이를 대할 때는 어른이나 아이 할 것 없이 상대방을 기분 좋게 함은 물론 그 아이의 앞날을 축복해 주기 마련이다. 나도 요즘 엄마이기는 하지만 요즘 엄마들은 자식을 기죽지 않고 할 말을 다하게 키우려고 안간힘으로 기르고 있다.

자기표현은 두 번째가 되어야 하고 인성이 첫째가 되어야 한다. 인성이 바르지 못한데 자기표현이 확실한 것은 모래성 위에 성을 쌓는 것과 같은 이치이다. 지금도 늦지 않았으니 아이의 나이와 상관없이 좋은 책을 골라서 읽는다면 아이는 튼튼한 기반을 마련할 것이다. 이런 아이를 대하는 학교 선생님은 입이 마르고 닳도록 칭찬을 쏟아 내실 것이고 급기야 다른 반 선생님께도 전해질 것이다. 특히 아이가 처음 맞이하는 초등학교는 더욱더 신경 써서 사교육보다는 공교육에 신뢰를 갖고 키워내면 안정적인 교육이 형성된다.

우연히 강연에서 100년 뒤에는 학교에서 수업은 없고 행정업무만 보게 될 것이라고 내다보고 있었다. 교사도 가르치는 것은 주 업무가 아닌 학생들 사이버 수업 출결이나 파악하는 시대가 온다는 것이다. 학교 운동장에서 아이들이 뛰어노는 모습만큼 아름다운 모습도 보기 드물다. 육아에 지치고 애 키우고 교육까지 어떻게 하는지 아무도 알려주지 않는데 얼마나 답답하고 불안할까? 나도 한때 그랬다. 그럴수록 학교를 더욱 신뢰하며 학교 교육에 기본과 결정이 있음을 알고 '나라도 공교육을 중요시하자'는 마음으로 아이를 키웠다. 그런 나의 신념에 공교육은 기분 좋게 화답이라도 하듯 아이들이 잘 커가고 있다.

몇몇 교사들로 인해 부정적이고 화나는 일도 더러 있다는 것도 경험도 해보았고 많이 들어 알고 있다. 어머니라면, 어머니니까 적어도 초등학교 6년은 공교육만으로 충분한 아이로 키워내 보자.

학교공부만으로
학교시험을 잘 볼 수 있다

직장생활을 하면서 아이를 학원에 보내지 않고 키우기는 힘들다. 나 역시도 희망이가 6살 때 직장으로 인해 학원은 두어 곳 보냈다. 예체능학원과 영어 체험실이었는데 초등 1학년이 되면서 과감하게 다 끊었다. 물론 아이와 충분히 상의한 결과였다. 엄마들은 "아이가 좋아해서요." 하는 이유로 여러 가지 학습지부터 시작해 학원을 시작한다. 시간이 지나면서 숙제 등의 이유로 아이가 힘들어하는지 알면서도 '네가 하고 싶다고 했잖아?' 하며 끊을 때는 옆집, 앞집 다 물어보고 끊을지 말지 끙끙 앓는 모습을 많이 보고 있다. 그리고 맘에 들지 않는 여러 부분 때문에 이런저런 스트레스를 받기 일쑤다. 솔직히 고백하자면 이점이 싫어서 사교육을 안 시키는 1인이다. 시작도 끝도 아이, 또는 남편과 잘 의논하여 시작하고 끝내야 한다. 누구의 인생이고 삶인가. 금지옥엽 귀하고 소중한 내 자식의 인생을 왜 옆집 엄마, 직장동

료와 의논하는가? 아이를 잘 키우고 있는 한 명 정도의 멘토 정도 되면 모를 까 자식의 교육은 자식과 남편과 의논해서 결정해야 한다는 것을 절대 잊으 면 안 된다.

사교육을 시키지 않으면 대한민국 공교육에서 뒤처지는 게 당연한 사실 일까? 정답은 '아니오' 이다. 내가 지금 이 글을 쓰는 이유다. 특히 초등학생 은 더욱 학원을 보낼 필요가 없다. 어떤 이유에서건 보내기 시작하면 처음 엔 한 군데지만 고학년이 되면 다섯 군데를 다니고 있다. 들어보면 모두 꼭 없어서는 안 될 학원들이다. 나의 자녀 희망이, 복덩이도 피아노, 태권도 외 에는 모든 학원과는 등지고 키웠다. 그래야 비로소 아이와 눈빛을 마주할 시간과 여유가 생긴다. 눈을 마주하며 학교생활 이야기를 식사시간에 들어 주었다. 칭찬받은 일이 있을 땐 함께 즐거워하고 속상한 일이 있을 땐 위로 와 격려를 아끼지 않았다.

우리 집 식탁에서 빠지면 절대로 안 되는 반찬은 대화이다. 당신의 아이 도 학교 시험은 물론 꿈도 이뤄 나갈 수 있으니 지금부터라도 자녀를 굳게 믿고 믿음을 자주자주 아이에게 보여 주어야 한다. 그 믿음이라는 사랑을 먹고 우리 아이는 또 몸도 마음도 꿈도 쑥쑥 자란다는 사실을 함께 기억해 야 한다.

나는 희망이 복덩이가 새 교과서를 받아오면 그날 저녁엔 거실에 다 펴놓 고 다 같이 살펴본다. 복덩이가 1학년 때부터다. 누나 과학책을 동화책 보듯 이 어찌나 흥미롭게 보고 이런 거 배워서 좋겠다며 부러워했던지 사랑스러 웠던 그 순간이 생생하다.

엄마도 교과서를 소중하게 여기고 보물처럼 여기면 아이도 교과서를 소중하게 여긴다. 이건 진리다. 아이들이 친가보다 외가에 가는 걸 더 좋아하는 건 엄마가 외가에 갔을 때 얼굴이 훨씬 밝기 때문이다. 그래서 아이들은 저도 모르게 외가를 더 편해하고 더 가고 싶어 한다는 거다. 그러니 엄마의 역할이 얼마나 중요한지 알겠는가?

거실에서 새 교과서를 받아 온 날 우리 집 풍경이다. 교과서를 쭉 널어놓고는 글씨가 좀 못나도 직접 학년 반, 이름을 적게 한다. 요즘은 예쁜 네임 스티커가 많아서 직접 이름 적을 기회조차 없기도 하다. 교과서만큼은 아이 스스로 써 보게 하는 것도 좋을 것이다. 그리고 한 권씩 펴서 가장 재밌을 거 같은 제목을 찾아보게 하고 그 이유를 물어본다. 그 다음엔 가장 재미없을 거 같은 제목을 찾아보게 하고 이유를 물어본다. 이때 재미가 없을 거 같은 제목을 말했을 때는 아이가 마음이 돌아 설 수 있도록 해야 한다. 흥미로운 이야기를 해주던지 관련 책을 자연스럽게 읽도록 해서 어렵다거나 재미없다는 느낌이 최대한 없어지도록 해야 한다. 나는 최후의 수단으로 엄마도 이거 배웠을 때 재미없는 줄 알았는데 재미있었다고 뻥을 치기도 했다. 희망이 복덩이 둘 다 엄마, 아빠의 어린 시절 이야기 듣는 걸 아주 좋아했는데 모두 생각나지 않는 것이 당연하니 지어낸 부분도 많았다. 그 다음에는 이렇게 수많은 학생이 동시에 보게 될 교과서를 집필하고 편집하고 연구하신 선생님들은 누구신지 훑어본다. 이 한 권을 위해 한두 명이 아닌 30여 명의 선생님들이 애썼으니 얼마나 훌륭하고, 중요하고, 귀한 교과서냐 하며 열심히 귀 기울여 수업을 들어주길 바란다고 당부한다. 그러면 그날은 네! 하며 의기양양한 자세와 목소리로 교과서를 사랑스럽게 다루며 챙긴다.

많은 학생이 학원에 다니며 선행학습을 한다. 이 속에서 불안해하지 않고 공교육만 맹신하기란 쉽지 않다. 책을 읽지 않았다면 있을 수 없는 일이었다. 나는 그 불안을 책만으로 학원 돌리지 않고도 영어원서를 읽어대는 ○○이, 국제중학교에 입학하는 ○○이를 보며 욕심과 불안함을 잠재울 수 있었다. 자칫 함께 불안해하고 소외된 듯한 내 아이에게 자꾸 말해 주어야 한다. 빠른 길은 결코 바른길이 될 수 없고 바른길만이 빠른 길이라고 말이다. 거의 세뇌를 시키면 아이의 자존감도 함께 올라가고 자신에 대한 믿음이 더 커진다. 희망이는 그 자신감으로 6학년 때는 전교 회장까지 되어 주변을 많이 놀라게 했다. 나중에는 주변 엄마들은 다 알더라. 우리집은 교육비 하나도 안든다고. 희망이가 사교육을 하나도 안 한다는 것을 그렇게 말했다.(사실 이건 아니다. 그 돈으로 책 사고 세상 구경 시켜주고 했기 때문에 그리 아꼈다고 하기엔 앞뒤가 안 맞다.) 나는 동네 엄마들 만나서 그런 말 구구절절 한적 없는데 자연스레 알더라. 아이가 전해 준단다. 시험을 치면 다 맞더라 하니까 무슨 학원 다니는지 물어 보라는데 학원을 안 다닌단다. 그러면서 멘붕~ 엄마, 아빠가 많이 배우고 공부 잘해서 내로라하는 직업도 아니다. 평범하디 평범한 집 애가 학원을 안 다니고 원어민 선생님과 대화를 해대고 수학을 엄청 좋아하고, 국어는 발로 한단다.

희망이 복덩이는 책 사교육 한다. 영어도 수학도 모두 책 읽으면 만사 OK다. 이걸로 학교시험 충분히 잘 칠 수 있단 말이다. 그보다 먼저 초등학생 자녀가 먼저 배워야 하는 게 무엇인지 아는가? 실수, 넘어지는 것이다. 실수의 반복을 먼저 배워야 한다.

우리 인간은 나약한 존재로 태어나 '엄마' 라는 한마디를 뱉기 위해 끝도 없는 옹알이를 해댄다. 수만 번, 수억 번, 그리고 "엄마!" 라고 내뱉는다. 초등학생도 고등학생 대학생이 되기 전 수많은 옹알이를 해야 엄마, 아빠라는 단어를 완성할 것이다.

내 자식이 아는 것이 100이라도 70점, 80점 맞을 수 있다는 걸 알아야 한다는 것이다. 엄마의 욕심을 들키면 들킬수록 아이는 실력발휘를 하기 힘들다.

말을 더듬는 아이들을 보면 참 가슴 아프게 생각한다. 처음 아이가 말을 더듬을 때 엄마 또는 주변에서 빨리 눈치 채서 "괜찮아. 천천히 말해도 돼. 시간이 많아서 천천히 말해도 다 들을 수 있어." 라고 두세 번만 말해주면 거짓말처럼 말 더듬는 현상이 사라진다.

희망이, 복덩이 둘 다 초등학생이 될 무렵 말을 더듬을 기미를 보였다. 말을 하려다가 "어. 어." 하는 추임새 같은 소리를 하는 것이다. 그래서 설거지하던 고무장갑을 그대로 벗고 바닥에 앉았다. 따뜻하게 눈빛을 마주치고 "엄마 시간 많아. 설거지 나중에 해도 되고 안 해도 돼. 너 얘기 듣고 싶으니까 말해줘." 했더니 차분하게 좀 더 느긋해져서 이야기하는 것이다. 그 후에도 말을 더듬거리거나 '어, 어' 할 때는 모든 일을 중단하고 아이 손을 잡고 아이 이야기만 집중해서 들어 주었다. 그랬더니 한 두 달 만에 그 증상은 사라졌다.

이처럼 초등학교 4학년이 되어서 수학이 좀 여러 개 틀려도 진심으로 괜찮다고 기회는 앞으로 아주 많다고 말해주어야 한다. 실수를 하지 않으면 성공하기는 힘들다.

우리 집은 시험 기간이 되면 교과서를 매일 가지고 온다. 가끔 수업에 충실하지 않아 귀퉁이에 낙서해놓은 흔적이 있는 날도 있다. 그땐 지우개로 지우라고 한다. 우리 집은 이 교과서가 문제집이기도 하니까 낙서는 절대 하지 말라고 한다. 낙서하면서 자기도 모르게 수업시간에 딴짓하는 것이 습관이 들게 마련이다. 그러면 수업을 지겨운 시간으로만 여기게 될 것이기 때문이다.

시험이 공지되면 시험 범위를 숙지하도록 한 후 스스로 공부 계획을 짜도록 한다. 언제부터 시작할 것인지, 며칠 동안 시험공부를 할 것인지 말이다. 1일 계획도 과목별로 시험공부 범위를 아주 자세하게 계획하도록 한다.

그때 난 항상 이순신 장군의 이야기를 한다. 다른 친구들은 학원 선생님께서 요점 정리부터 예상시험문제까지 다 정리해 주서서 훨씬 유리한 조건일 거다. 하지만 엄마는 그렇게 생각하지 않는다. 설사 그렇다 해도 13척의 배로 승리를 했던 이순신 장군의 전술을 기억해라. 그것은 철저한 대비, 철저한 작전이 있었기 때문에 가능했다. 시험뿐만이 아니다. 좋은 결과를 가지고 싶으면 철저하게 계획하고 철저하게 대비하면 누구든지 가능하다. 그러면 아이들은 마음을 다잡고 진지하게 시험공부를 시작한다.

시험은 100% 서술형이다. 불만을 느끼는 학부모들도 다수 있다고 들었다. 나는 찬성이다. 교육이 바뀌려면 평가가 바뀌어야 한다. 평가가 바뀌어야 과정도 바뀔 것이다. 교육은 세상을 변화시켜야 하기에 바뀌어야 한다. 이 서술형 시험도 교과서만 충실히 공부하면 단 한 문제도 틀리지 않고 다 맞을 수 있다. 희망이가 5학년 때 사회에서 상당히 어려운 문제가 나왔을 때도 다 맞아왔다. 시험범위 내에서 교과서를 여러 번 읽어가며 공부했기에 가능했다. 어려웠다고 하던데 다 맞았다니 얼마나 기뻤겠는가? 희망이 사회 교과서를 슬 보니 밑줄도 긋고 여백에 필기한 흔적이 많았다. 이게 무슨 뜻인가? 수업시간에 딴짓하지 않고 열심히 수업에 임했다는 증거 아니겠는가? 시험공부를 하기위해 계획을 하는 것보다 좀 더 중요한 것은 수업시간에 충실해야 한다는 것이다. 세상에서 가장 멋진 춤, 담임선생님과의 눈 맞춤을 하면서.

학교에 대한 관심은
자녀를 향한 엄마사랑의 실천이다

아이가 7살만 되면 가슴이 두근 반 세 근 반 되면서 불안하고 초조해진다. 너무 잘 안다. 나도 첫애 7살이 되니 마음이 조금 초조해지기 시작했다. 희망이가 입학할 때는 직장도 그만 뒀을 정도면 말 다한 것 아닌가. 이래서 안 되겠다 싶어서 예비 초등생 학부모가 읽을 만한 책이 없나 검색을 해 보았다. 도서관에도 달려갔다. 왜 이제야 왔냐며 수많은 책이 나를 반기고 있었다. 추천해 주고 싶은데 제목은 기억나지 않는다. (대신 이 책을 주변에 추천하고 딱 세 번만 읽으라고 말씀하시라. 불안증에서 탈출할 것이다.) 그 책으로 인해 나의 불안감과 초조한 마음은 모두 없어졌다. 예비 학부모가 반드시 가져야 할 마음과 태도는 무엇일까?

"넌 잘 할 수 있어! 4살에서 5살 되는 것처럼 그냥 한 살 더 올라간 것뿐이야. 혹시 어려운 일이 생기면 엄마, 아빠와 그리고 이제 선생님이 함께 너를 도와주실 거야. 넌 학교생활을 잘 할 수 있어."

라고 말해 주어야 한다.

하지만 우리들은 어떤가? 또는 어떠했는가? 어떻게? 한글은? 수학은? 7살 가을이 되면 그 절정을 달리면서 첫 애 때는 불안해서 잠도 제대로 못 이룬다.

기억하고 명심하라. 절대 학교에서 애 안 잡아먹는다는 사실을. 그리고 학교 선생님도 교장 선생님도 학생 한 명, 한 명이 무사히 1년을 잘 마치고 다음 학년을 맞이하다가 무사히 졸업까지 하길 바라는 마음, 부모 못지않다는 것을 말이다.

엄마가 불안해하고 걱정하면 100m 달리기를 하려고 트랙위에 선 아이 마음은 어떠할 거 같은가? 반면 잘 할 수 있다고 격려를 받아도 시원찮은데 엄마가 더 불안해하고 걱정하면 아이는 느낀다.

'나 못할 거 같은데 엄마가 저렇게 불안해하는 거 보니 내 생각이 맞구나. 나 학교가면 정말 못하겠구나.'

하며 학교 부적응을 드러낸다. 그러니 학교에 보내기 전에는 무조건 엄마가 마음을 편하게 가지고 아이를 격려하고 응원해 주어야 한다.

그렇게 학교에 보내자마자 학부모 교육설명회가 3월에 열린다. 참석하면 알겠지만 1학년 학부모들이 많이 참석하게 된다. 설명회는 1학년 학부모의 열기로 후끈거린다. 학교마다 편차가 있긴 하지만, 주로 그다음에 상담주간이 뒤따른다. 이때 또 수많은 엄마들은 고민한다. 상담하러 가는 게 나을지 전화를 하는 게 나을지 말이다. 아니면 아이가 별일 없이 학교 잘 다니고 있으니 가만히 있는 게 나을지 전전긍긍한다. 정확히 말하면 또 옆집 엄마 직장 선후배한테 설문 조사한다. 당연히 먼저 키운 언니한테도 묻는다. 정답은 아까맹키로! 남편과 의논하고 결정한다. 나의 개인적인 의견은 제목을 봐서 알겠지만 1년에 두

번은 공식적인 담임선생님과 소통의 시간이니 동그라미해서 보내고 상담을 한다. 물론 전화로 상담하는 것도 좋지만 내 소중한 아이를 1년 동안 맡아서 가르칠 선생님이시니 얼굴 뵙고 상담하는 것이 좋지 않겠는가? 빈손으로 가는 것이 부담스럽다고들 생각하는데 정 불편하다면 테이크아웃 커피나 음료수 한 캔 정도 가져가면 엄마도 부담 없고 선생님도 불편해하시지 않을 것이다. (이젠 김영란법으로 인해 정말 빈손으로 가야 한다.)

[아무것도 가져오지 마세요] 하고 알림장에 적어 보내시는 선생님도 계신다. 이때는 반드시 따라주면 된다. 3월에는 선생님도 아직 내 아이의 파악이 안 될 수 있다. 부모가 정보를 줘야 할 것이다. 될 수 있으면 장점 위주로 말씀드리고 아이의 특이사항을 말씀드리면 된다. 2학기 상담 때는 상담이 절반으로 줄어든다. 한번 갔으면 됐지. 옆에서 가지 말라더라며 아이는 안중에도 없이 상담을 생략하기도 한다. 교육부 또는 교육청에서 연 2회 상담주간을 실시하는 것은 그만한 이유가 있을 것이다. 이 상담주간을 활용하여 기회로 삼아야 한다. 가끔 선생님도 상담이 귀찮아서 꺼려하시는 분도 계시다. 정말 오시지 마세요. 하는 경우만 제외하고는 반드시 상담주간엔 상담 신청하여 상담하여야 한다. 옆집 엄마 말은 듣지 말고 내 아이의 멘토가 옆집 아이면 그 말 들으면 된다. 아니라면 남편과 의논하여 2학기엔 선생님께

서 하실 말씀이 많으실 테니 많이 들으면 될 것이다.

나는 1년에 한 번은 남편과 함께 상담을 갔다. 아이를 가르치는 선생님이시니 두 번은 못 가도 한 번은 함께 찾아뵙고 인사를 해야 하는 게 도리라고 여긴다. 이건 우리 부부의 원칙이라고 할까? 부모님이 함께 와서 상담하는 경우가 별로 없어서인지 대부분 선생님은 좀 낯설어하고 불편해 하시는 기색은 있으시다. 좋은 점이 훨씬 더 많다. 그날부터 아이들과 아빠와 대화가 더 많아진다. 아빠는 아이 학교생활에 더 많은 관심을 가지기 때문이다. 아는 만큼 보인다고 하지 않는가? 담임선생님도 알고 나니까 아빠도 아이의 학교생활이 더 많이 보여서 더 깊은 대화를 할 수 있다.

아이 역시 부모님이 함께 학교로 상담을 다녀가면 기가 산다. '엄마, 아빠가 나를 이토록 사랑하시는구나. 내가 이렇게 소중하구나.' 하고 여긴다고 아이들이 고백해왔다. 지면을 통해 이렇게 적극적으로 함께 해준 남편에게 감사를 전한다.

하나의 경험담이 생각난다. 아이가 모 학년이었을 때 상담을 갔다. 선생님은 단 한 번의 칭찬도 없고 너무 딱딱하게만 대하셨다. 상담 내내 마음도 무겁고 나오는 발걸음도 무거웠다. 설마 아이가 학교생활을 엉망으로 해서 저러시나 오해를 할 뻔했다. 하지만 그때 나는 어떻게 하는 게 지혜로운 엄마인가를 생각했다. 학교에서 집으로 오는 데는 10분가량 걸린다. 걸음을 더 천천히 하고는 짜내기를 했다.

"00아, 엄마 오늘 상담 갔다 왔는데 기분 너무 좋다. 학교생활 아주 잘하고 있다고 선생님께서 올 필요도 없는데 오셨다고 하시더라. 이게 최고의 칭찬 아니겠니? 수업시간에 딴 짓도 안하고, 숙제도 잘 해오고, 칭찬이 자자하시더라. 학교생활을 이렇게 잘하는지 엄마 몰랐어. 그리고 이번에 서술형으로 시험유형이 바뀌는데 넌 걱정 말라고 하시더라. 책을 많이 읽은 너 같은 학생들이 결국 이런 시험엔 강하다고 아무 걱정하지 않아도 된다고 하셨어."

숨도 쉬지 않고 따발총 쏘듯이 웃으며 줄줄 말했다.

아이의 반응이 어땠겠는가? 이야기가 반도 끝나기 전에 얼굴에 웃음꽃이 피면서 "정말? 정말 선생님이 그렇게 말씀하셨어요?"를 되물으며 왠지 믿기지 않는다고 했다. 원래 표현이 인색한 어른들이 많은데 담임선생님께서도 평소엔 전혀 내색을 안 하시는 편일 거라고 했다. 그 후 정말 갑자기 바뀐 서술형 시험에서 거의 모든 아이들이 무릎을 꿇었고 멘붕이 찾아왔다. 그러나 우리 집은 환호성을 질렀다. 거의 모든 과목이 다 맞아왔다. 언제부터인가 올백 등 점수에 연연해하지 않았던 나였다. 기쁨은 감출 길이 없었다. 엄마의 말 한마디, 선생님의 말 한마디가 아이의 실력을 제대로 발휘하게 한다는 걸 절실히 느꼈다.

내가 말하고 싶은 것은, 점수보다는 자녀와 관련된 어떤 상황에서도 대처능력이 있어야 한다는 것이다. 당황하지 않는 대처능력 말이다.

그것은 옆집 엄마가 가르쳐주지 않는다. 조용히 읽고 있는 책 속에 선배 맘 또는 전문가들이 에피소드를 풀어놓으며 들려준다. 그 지혜에서 얻으면 된다.

학교에 늘 관심을 가지고 참여할 일이 있을 땐 적극적으로 참여하기를 바란다. 참여하게 되면 엄마들의 이런저런 말들이 들리게 마련이다. 삼삼오오 만나지게 되는데 한 번의 만남으로 족하다. 만나보면 알게 된다. 유익하지 않다는 것을. 엄마들을 만나면 불안하지만 책을 보면 내 아이를 믿게 된다. 이건 내가 자주 하는 말이다. 불안해지고 싶으면 엄마들을 자주 만나라.

학교 홈페이지는 즐겨찾기에 넣어두고 하루에 한 번, 적어도 일주일에 한 번은 들어가서 확인해보아야 한다, 아이와 대화가 많다고 해도 학교 전체에서 일어나는 모든 일을 아이가 알 리가 없지 않은가? 그러니 전반적인 학교의 흐름을 알고 싶으면 홈페이지를 자주 들어가서 확인해보라. 지역 교육지원청, 교육청 홈페이지도 방문해보면 얻을 수 있는 정보가 다양하다. 5명 모여서 밥 먹고 정보 교류하는 이웃집 엄마 전혀 부러워할 거 없다. 나는 내가 오히려 이 정보들을 전해 드린다. 정보를 얻기 위해서 이웃집 엄마를 만나고 아이를 잘 키우기 위해서 엄마들을 만난다고 한다. 정확히 틀렸다. 남는 건 상처뿐이고 불안뿐이다. 그냥 내가 심심해서 만난다고 고백해라. 심심해서 만났으면 애 얘기 말고 내 이야기들을 해라. 3년 뒤에 뭐할 건지. 지금 3년 후를 위해 뭘 하고 있는지. 10년 뒤엔 뭐 할건지. 죽을 때 어떻게 죽고 싶은지. 과거 이야기도 시간 가는지 모르고 하게 되지만 미래이야기는 계획을 더욱 굳건하게 해준다.

옆집 엄마가 학교에 갈 필요 없다며 학교에 참여 하지 말라고 부추겨도 무시해라. 반드시 참여해라.

학교는 학생 + 학부모 + 교사가 함께하는 교육공동체다. 학부모가 도와주는 개념이 아니라 함께 주체가 되어야 한다. 함께하지 않으면 교육은 바뀌지 않고 교육이 바뀌지 않으면 세상도 변하지 않는다.

살기 좋은가? 행복한가? 대한민국의 현실이 너무도 행복한가?

그렇지 않으면 이제 교육에 참여해야 한다. 지금 약속하자. 늘 교육에 함께 참여하고 그 가운데서 아이를 키우겠다고 말이다.

아이를 믿어라

아이를 잘 키우고 싶으면 내 아이에 대한 믿음이 전제되어야 한다.

수많은 육아서를 읽으면서 글쓴이들에게 이 진리 또한 세뇌를 당했던 탓인지 희망이, 복덩이가 돌도 되기 전부터 입버릇처럼 떠들어댔다.

"뭔 자신감이고 뚱딴지같은 믿음인지는 모르겠는데 엄마는 우리 희망이, 복덩이 뭐가 되어도 크게 될 거 같은 확신이 든다!"

그리고 이날까지 말하고 있다. 용기를 줄 때 또는 혼낼 일이 있을 때도

"너희들은 뭐가 되어도 크게 될 거란 말이다."

라고 말한다. 지금은 정말 기정 사실 인 양 애들이 뭐가 되어가는 도중이다. 크게 될 거니까 인문학도 읽어서 내가 다 길러줄 수 없는 인성을 기르고 배우고 있다. 하도 내가 뭐가 되어도 될 거 같다고 하니까 주변에서도 왠지 우리 아이들이 뭐가 되어도 될 거 같다는 생각이 든다고 했다. 너무나 감격

스러워서 감사하다고 인사를 꾸벅했다. 부모도 믿어주지 않는 친구들에 비해 얼굴도 잘 모르는 사람이 뭐가 크게 될 거라고 믿어주니 우리 아이들은 얼마나 행복한 아이들인가? 어찌 그 꿈을 이루지 않겠는가?

이건 실화이다.

어느 대학생이 지방에서 올라와 수도권 대학 생활을 했다. 15년 전만해도 캠퍼스 낭만을 즐기며 공부를 게을리 했던 때였다. 이 학생도 미팅이다 술이다 공부보다 놀기 위주로 대학 생활을 했단다. 시험성적은 당연히 불 보듯 뻔했다고 한다. 그 대학생의 어머니는 방학이 되어 집에 가면 공부한다고 얼마나 고생이 많았냐며 늘 삼시 세끼 밥에 방학 내내 너무도 정성껏 자신을 바라봐 주셨단다. 그러기를 여러 번, 지난 어느 여름방학이었단다. 또 학점은 겨우 F를 면하는 정도였지만 어머니는 단 한 번도 말씀이 없으셨단다. 오히려 여전히 공부하느라 얼마나 애쓰냐며 백숙과 자신이 좋아하는 많은 반찬을 해서 많이 먹으라고 하시더란다. 그때 그 대학생은 그 백숙을 먹으며 갑자기 울음이 터지더란다. 지금 자신이 이런 어머니의 믿음을 저버리고 무슨 짓을 하고 있었던 것일까? 하며 대성통곡을 하며 어머니께 죄송하다며 열심히 공부하겠다고 했단다. 그리고 대학 생활이 끝나갈 때 즈음에는 장학금도 받게 되었다며 라디오에 사연을 보낸 걸 들으며 감동했던 적이 있었다.

그날 그 어머니에 대한 나의 감동을 그대로 가슴속에 간직했다. 설사 내 아이가 내 기대만큼 잘하지 못해도 잘하고 있다고 또는 잘 하게 될 거니까 그 과정일 뿐이라고 자녀를 기다려주고 믿어주는 그 신념! 우리 나에게는 얼마나 있는가? 돌아보게 보게 되었다.

학비며 생활비까지 보내주는데 학점은 겨우 F를 면할 정도의 성적표를 보면서 내 아이를 믿어주고 기다려줄 수 있을까? 위의 어머니는 대학생인 자녀도 그렇게 너그럽게 기다리고 지지해 주셨다. 우리는 초등학생 자녀를 한 번만 실수해도 다그치고 인생 다 산 것처럼 몰아세우고 있지는 않은가? 이 사연을 라디오로 듣는 순간 어머니의 자식에 대한 믿음이 결국 자식을 훌륭한 사람으로 이끄는 법이란 걸 깨달았고 배울 수가 있었다.

그뿐만이 아니다. 인간은 원래 아니 생명은 원래 믿는 대로 자란다. 식물들이 좋은 말과 음악을 들으면 얼마나 잘 성장하는지는 이미 미디어로도 많이 알려졌다. 사람도 그렇다. 믿는 대로 성장한다. 그래서 어떤 어머니는 제 자식을 욕을 할 때도 "저 흥할 놈~ 저 박사될 놈~" 이라고까지 했더니 흥하게 되고 박사가 되었다고 하지 않던가.

희망이 복덩이도 아기 때부터 어미가 늘 열심히 공부해서 사회에 나가면 반드시 큰일도 하고 존경받는 사람이 될 재목이라는 말을 했다. 그 말을 의심조차 없이 믿고 있다.

믿음은 돈도 들지 않고 시간도 들지 않는다. 그저 사랑하는 엄마의 믿음에 부응하기 위해서 언제가 되었건 무엇이 되었건 잘 될 것이니까. 그리 믿고 자식을 응원해 주기만 하면 된다.

안타까운 것은 초등 6학년만 되어도 자식을 포기하는 듯한 표현을 서슴지 않는다.

"우리 애는 공부는 텄어!"

그 말투가 마치 우리 애는 삶을 제대로 살기는 틀렸어. 로 들릴 만큼 목소리가 작고 힘없이 들리는지 모르겠다. 표정은 또 얼마나 실망하고 초라한 얼굴로 이런 말을 하는지. 이제 초등학생인 아이를 두고 엄마가 먼저 포기하니 자식은

"아, 난 안 되는구나." 하고 같이 포기한다.

엄마도 날 포기했으니 하고 싶은 의욕이 전혀 나질 않는다. 어떠한 큰 계기나 동기부여가 마련된다면 모를까. 하지만 세상 사람이 다 손가락질하고 말썽꾸러기라고 비난해도 엄마만 자식을 품어주고 믿어주어야 하지 않을까?

기저귀를 뗄 시기가 되면 우리 아기는 대소변을 잘 가릴 수 있을 거란 믿음을 가지고 시작하고, 아기에게도 당연히 말해 주어야 한다. 또래보다 한참 늦게 되어도 괜찮다고 하면서 "넌 분명 기저귀를 떼게 될 거야 곧. 조금 더딘 것은 괜찮아."

하고 말해 주어야 한다. 그런 믿음 덕분인지 희망, 복덩이는 수월하게 기저귀도 뗐다.

자식에게 어머니는 이 세상 전부이고 우주와도 같다. 모두가 믿어주지 않아도 어머니는 자식을 결국은 잘 될 거라는 믿음을 갖고 아이를 대하면 그 믿음에 언젠가 아이들은 보답하게 될 것이다.

옆집 아이와 비교하라

희망이가 2학년이었던 때다.

"엄마! 오늘 학교에서 받아쓰기를 했는데 ○○이는 10점 받았어요."

"아휴, 저런……. 연습을 한 번도 못했나 보다."

"네. 받아쓰기 연습을 한 번도 안 했나 봐요. 놀기만 하고."

"세상에나 만상에나 그런데 우리 희망이는 딱 한 개 밖에 안 틀렸어? 어쩜 9개나 맞았을까?"

줄곧 받아쓰기는 3학년까지 거의 100점이었다. 하지만 저 대화를 나눈 그 날은 한 개를 틀려 온 날이었다. 항상 다 맞았다고 자랑하던 희망이가 쌩뚱맞게도 그날은 10점 맞은 친구 이야기부터 하는 게 아닌가? 이 아이의 마음을 헤아리려고 짧은 순간 생각해 보았다. 결론은 10점 맞은 아이도 있는데 100점은 아니어도 이만하면 훌륭하지 않나요? 하는 마음이었다. 그래서 폭풍 칭찬을 해 주었다. 90점은 100점하고 똑같다. 실수는 안 하면 좋지만 해도 그 정도는 애교로 봐 준다. 온갖 포장된 말로 희망이의 마음을 편안하게 해 주었다. 그 말은 90%는 진심이었다. 10%의 마음은 어쩔 수 없는 대한민국 엄마이기에 받아쓰기 100점을 기다렸다.

그 후로 희망이는 받아쓰기를 스스로 공부하더니 내내 100점을 받아왔다. 받아쓰기가 있는 날인지 없는 날인지도 모르는데 귀가해서는 100점을 자랑했다. 신통방통했다. 이렇게 어린데 스스로 연습하고 100점을 받아오기까지 하다니. 날 닮지 않아 다행이라고도 생각했다.

난 혹시 그 방법? 하며 사용해 보았다. 아무 일이 없는데도

"희망아, 책에서 봤는데 3학년 여학생이 숙제가 있는데도 엄마가 하라고 하지 않으면 절대 숙제를 안 해 간데. 그럴 수 있어?"

"왜 엄마가 시켜서 해요? 알림장에 적어주면 자기가 알고 있어야죠."

"그러게 말이야. 가끔 깜빡할 수도 있지만, 매번 그러는 아이 엄마는 좀 속상하겠다. 그치?"

"엄마는 어때요?"

"엄마는 당연히 행복하지. 희망이 엄마라서 너무 행복해."

그러면 환한 얼굴로 웃으며 갑자기 방에 들어가서 책상 정리를 하고 숙제가 있으면 한다. 정말이지 시키기 전에 해야 할 일을 할 때와 내가 할 일인데

누군가가 시켜서 했을 때의 일의 능률은 하늘과 땅 차이다.

어릴 때부터 우리는 수없이 비교를 당하고 비교를 하며 살아가고 있다. 당연히 나보다 나은 사람과 비교해서 우리의 자존감을 무너지게 하면서 말이다. 나 역시도 부모님께 언니들보다 고집도 세고 못된 계집애라고 혼이 자주 났다. 그럴 때마다 나는 생각했다.

'아…… 난 엄마가 인정하는 고집 센 아이구나.'

그렇게 점점 고집이 세져 갔던 것인지 처음부터 고집이 셌던 것인지 알 수는 없다.

나를 비교 하위에 두고 비교를 당할 때의 기분을 모두 느껴 보았을 것이다. 화가 난다기보다는 아, 그렇구나 하고 인정하게 된다. 그렇게 비교하면 자존감이 무너지고 열등감이 생기기 때문에 수많은 전문가, 선배 엄마들은 절대 비교하지 말라고 당부한다.

오죽하면 남편도 가장 싫어하는 것이 비교라고 하지 않든가.

내가 희망이나 복덩이에게 하는 비교방법은 늘 내 아이를 비교 우위에 두는 비교이다. 비교 대상은 실제 학교 친구보다는 책 속의 아이 또는 드라마, 영화 속의 먼 곳의 인물이다. 가끔 급할 땐 나의 상상 속에서 급하게 데려오는 가상 인물 아이도 있다. 가상 인물이 가장 편한 대상이기는 하다.

"엄마 친구 아이가 저 강원도에 살고 있는데 그 앤 너보다 글씨를 참 못 써. 못 써도 너무 못 써서 엄마친구가 엄마한테 물어봤어. 어떻게 하면 희망이 복덩이처럼 바른 글씨를 쓸 수 있냐고. 또 어떻게 하면 매일 일기를 쓸 수 있냐고."

이렇게 비교 우위에 두고 옆집 아이와 비교하면 자존감이 상승하면서 우쭐해져서 무엇이라도 스스로 하려고 애쓴다.

어쩌면 우리가 어린 시절 그렇게 듣고 싶었던 말들이다. 지금 우리 아이들에게 실컷 하자.

내 아이를 비교우위에 두고 하는 비교.

"개똥이는 버섯을 못 먹는데. 우리 희망이 복덩이는 버섯을 잘 먹는다고 했더니 엄마를 그리 부러워하데... 너무 당연한 걸 말이야.'

밥을 먹을 때도 비교우위에 두고 비교를 하면 꺼리던 채소도 과일도 거뜬히 먹는 모습을 볼 수 있다.

상상 속 친구 아이와 비교를 했었는데 아직도 가끔 물어 올 때가 있다. 엄마 친구 아이는 아직도 버섯을 못 먹어요? 하고 말이다. 여전히 일관되게

"응. 엄마 친구가 엄마를 아직도 부러워 해. 너희들 버섯뿐만 아니라 채소도 잘 먹고 김치도 잘 먹는다고 말이야."

그리고는 나도 아이들도 남편도 웃는다. 뜻은 다른 웃음이지만 기분은 한결같으면 되는 것 아닌가.

오늘부터 우리 아이 습관 하나 고치고 싶으면 옆집 아이와 비교하라. 단 실제 인물이 아니라 책 속, 영화 속, 가상의 인물을 정해야 뒷일을 걱정할 것이 없다.

늘 비교 하위에 두고 비교를 하기 때문에 금지당해 온 비교. 이젠 내 아이를 우위에 두고 실컷 비교해 주자.

애국심을 길러주어라

육아서에서 애국심 이야기를 읽게 되어 구태의연하다고 할지 모르겠다. 분명한 사실은 내 자식을 잘 키우고 싶고 크게 키우고 싶다면 나라를 사랑하도록 가르쳐야 한다. 물론 부모님이 나라 사랑을 실천하는 모습을 보이면 자녀는 자동으로 나라를 사랑하게 된다.

대부분의 우리나라 국민이 너무도 존경하는 이순신 장군의 난중일기에 어머니 이야기가 많이 나온다. 그리고 어머니에 대한 효심이 얼마나 지극한지 알 수 있다. 이순신 장군처럼 효심이 지극한 사람은 부모님에 대한 지극한 사랑만큼이나 나라도 사랑하고 크게 될 가능성을 갖추었다고 말할 수 있다.

요즘은 책을 많이 사주는 부모들이 많으니 가정에 위인전 한질 정도는 다 갖고 있을 것이다. 읽어줄 때부터 책에 나와 있는 내용에 살을 붙여서 알고 있는 많은 내용을 아이에게 전달해 주고 왜 그 위인은 그렇게까지 목숨을 바쳤을까? 질문도 해봐야 한다. 그리고 침을 튀기고 눈물이 나오면 눈물을 흘리면서 역사를 말해 주어야 한다. 자녀 역시도 후손에게 나라를 사랑하는 마음을 그대로 전달해 줄 것이다.

우리 민족은 장점이 훨씬 더 많은 나라이다. "빨리빨리"를 외치는 성급한 민족성이라고 내 나라를 부끄럽게 여기면 안 된다. 세계 역사상 유엔에 원조를 받다가 다시 원조를 주는 나라는 대한민국밖에 없다. 그만큼 빠르게 성장을 했다는 뜻이다. 한강의 기적이라고 자랑스러워해야 할 것을 늘 부정적인 면만을 이야기하면 자녀에게 나라 사랑은커녕 민족 정체성에 문제가 생긴다.

왜 단점이나 부족한 점이 없겠는가? 그건 좋은 점을 많이 이야기 해준 다음 한두 가지만 보충해 주면 될 것이다. 그러면서 자녀세대에는 같은 실수를 하지 않기를 바란다고 충고까지 해 주면 더없이 좋은 사회공부가 된다. 이런 이야기를 가족들과 가끔 한다면 자녀는 뉴스를 관심 있게 보고 역사책을 유심히 보게 된다.

나의 자녀들과는 '유관순'을 읽어주면서 시작되었다. 아마 희망이가 1학년도 되기 전이었나 보다. 엄마도 철이 없고 아는 게 없었던 어린 시절, 음악시간에 '유관순 누나'라는 노래를 장난하듯 불렀던 날을 들려주었다. 담임선

생님께서 철이 없이 웃고 떠들며 노래하는 제자들에게 타이르셨다. 그리고
는 이렇게도 슬픈 민족의 아픔을 1시간 내내 설명하시느라 목이 잠기셨던
수업을 30년이 된 지금도 잊을 수가 없다. 그 수업이 끝날 때 다시 유관순을
생각하며 노래를 부르자고 하셨다. 그날 교실은 거의 눈물바다가 되었었다
는 추억담을 얘기해 주었더니 희망이의 눈시울이 붉어지고 위인전을 더욱
몰입해서 읽는 모습을 볼 수 있었다. 희망이, 복덩이는 역사를 무척 좋아한
다. 문학책도 역사 관련 책을 제법 많이 찾아 읽는다. 주변 친구에게 권하는
모습이 기특하다. 복덩이는 초등학생이 되기 전부터 삼국지와 사기열전을
읽고 조선왕조실록을 수 번 반복해서 읽었다. 그렇게 읽으며 나라를 소중히
여기고 나라를 사랑하는 마음이 많이 자라고 있다. 텔레비전에서 우연히 군
대프로그램을 보고는 겁을 먹기도 했다. 군대는 안가면 안 되냐고 묻는 것
이다. 아직은 어린이고 겁도 많아서 그럴 테지만 확고한 내 의지를 보여주
었다. 군대에 가지 않으면 장가도 가지 말라고 말이다. 이건 나라 사랑을 넘
어 개인의 책임감, 사회성의 문제이다. 누구인들 자식이 귀하지 않은 부모
가 있겠는가? 나라를 잃고 서러움 속에 살았던 일제식민지를 우리는 절대
로 잊어서는 안 되기 때문이다. 너나 할 것 없이 국방의 의무를 마치고 당당
하게 나라를 위해 무언가 한 일이 있다는 자신감으로 사회에 발을 내디뎌야
할 것이다.

　나라가 없이는 나도 없고 가족도 없다는 것을 어린 시절부터 가르쳐야 한
다. 나라의 소중함과 나라 사랑하는 길이 무엇인지 자녀 스스로 고민도 하
면서 자기 주도 학습으로 연결되기도 한다.

나는 나라를 위해 할 수 있는 일은 자녀를 사랑하고 바르게 키우는 일이라고 여겼다. 육아에 최선을 다하고 마음을 다했다. 가끔 남편이 자녀가 1순위가 되는 것 같다는 말로 서운함을 토로하거나 눈치를 줄 때도 있었다. 그럼 곧장 아버지의 권위를 세워 주었지만, 그 역시도 자녀를 위한 일이었다. 가부장적인 문화와는 다르다. 엄마와 아빠가 서로 존중하고 같은 위치라는 것을 알긴 하지만 아버지의 자리를 항상 비워두어야 남편도 가정에서 해야 할 일이 많다고 여긴다. 아빠는 돈만 벌면 되는 것이 아니라 아버지역할도 소중하고 보람 있다는 것도 느낄 것이다. 행복이라고 하면 과장인지 모르겠지만 이렇게 가끔은 양보하고 가끔은 모른 척 눈감아주고 하는 것이 아내, 엄마의 현명함이란 것도 느끼는 요즘이다.

엄마가 아내가 너무 완벽하면 나도 피곤한 일이다. 상대방은 두 배로 피곤하다. 따라서 집안의 해인 엄마, 아내는 미소 지으려면 조금 부족해도 편안하게 대하고 편안하게 생각하며 더 잘하게 될 것이라고 격려해주고 믿어주는 것이다. 이런 믿음을 먹고 자란 자녀가 나라를 위해 필요한 일을 해내고 말 것이기 때문이다.

키우는 재미를 양보하지도
포기하지도 마라

희망이가 태어나고 백일이 되기도 전부터 시어머니께서는 아이를 길러 줄 테니 일을 하러 나가라고 하셨다. 지금은 서운함도 꽤 가셨지만, 한동안 얼마나 서운하고 속이 상했는지 모른다. '어떻게 핏덩이를 두고 돈 벌러 나가란 말씀을 하실 수가 있을까?' 하고.

시어머니 역시 모진 어려움과 가난 속에서 삼 남매를 키우시다 보니 젊었을 때 한 푼이라도 더 벌어야 한다는 몸에 밴 생활력 때문이었을 것이다. 백 번 이해한다. 그리고 나는 딱 잘라 말씀드렸다.

"적어도 돌은 지나면 나가겠습니다."

하고 말이다. 그때 "3살까지는 제가 키우겠습니다." 라고 하지 못했던 것이 육아하며 가장 후회스럽다. 그때는 법륜스님의 '엄마 수업' 이 없었던 것이 아쉬움으로 남아있다. 그래도 시어머니께서 사랑으로 희망이를 잘 키워

주셔서 지금도 잘 자라고 있으니 후회는 잊고 감사만 남아 있을 뿐이다. 그때 나 역시도 돈이 더 중요하다며, 일이 더 중요하다며, 돌도 되지 않은 아이를 두고 일을 하러 갔다면 우리 희망이는 어땠을까? 지금처럼 밝고 환하게 자랄 수 있었을까?

이유야 어찌 되었건 여전히 많은 엄마가 돌도 되기 전에 아이를 어린이집이나 다른 양육자에게 맡기고 일을 하러 간다. 빚더미에 내려앉았거나 굶어 죽을 지경이 아니라면 말리고 싶은 심정이다. 너무도 예쁘고 사랑스러운 아기 때의 모습을, 하루하루 일어나는 해프닝을 아이가 크면서 너무나 듣고 싶어 한다. 한 달 때는 어땠고, 백일 때는 어땠고, 자신이 기어 다닐 때는 어땠는지 등 했던 이야기를 수십 번을 듣고 싶어 한다. 특히 잠자기 전 또 어린 시절 이야기해 달라며 조르곤 한다.

왜 그럴까? 아마 그토록 사랑받았었다는 존재임을 자꾸만 확인하고 싶어서인듯하다. 나 역시도 수십 번 이야기 하면서 그때 그날을 생생히 기억하고 기쁜 얼굴로 하니 어찌 아이가 들으면서 기분이 좋지 않을 수 있겠는가? 엄마가, 아빠가 나를 그토록 애지중지 키우셨다고 생각하지 않겠는가? 너무 좋아하는 걸 느끼고 기억에 기억을 짜내서 아빠와의 해프닝, 나와의 해프닝을 자주자주 들려주었다.

그런데 아쉽게도 돌이 지난 후부터는 크게 기억에 남는 일이 없다. 시댁에서 1년 정도 자랐고 복덩이를 가지면서 직장도 그만두고 희망이도 데려오게 되었다. 정말 복덩이라고 생각한다. 그때의 선택을 나는 단 한 순간도 후회해 본 적이 없다.

다시 놀이터에서 매일 모래 놀이를 한 것, 그네를 거의 매일 밀어준 것, 거실을 다 차지하도록 신문지를 펼쳐놓고 앞치마를 입고 물감으로 미술 놀이를 한 것 등 수많은 추억을 또 쌓을 수 있었다.

복덩이가 태어나기 전 온몸으로 사랑을 받아서 그랬는지 희망이는 질투보다는 의젓한 누나로서 동생을 잘 돌보고 챙기기까지 했다. 그땐 희망이에게 아기보다 희망이를 더 사랑한다고 여러 번 말도 했다. 그러면 희망이는 아기가 더 사랑을 받아야 하는데 자신을 더 사랑한다고 하니 안쓰러워하는 표정으로

"복덩아, 누나가 너를 더 사랑해 줄게." 하며 애정을 표현하기도 했다.

그렇다고 둘째를 덜 사랑한 건 아니란 걸 엄마라면 누구나 다 알 것이다. 나는 진심으로 열손가락 깨물어서 안 아픈 손가락 없다는 말을 두 아이를 낳고 기르면서 깨달았다. 0.1%도 누가 더 좋고 누가 덜 좋은 날은 한순간도 내게는 없었다.

아직도 둘째는 내게 묻는다. 누구를 더 좋아하냐고. 이유를 알고 보니 엄마는 자신을 더 좋아하는 거 같아서 확인하고 싶다는 것이다. 그 말을 듣고 있는 희망이는 엄마는 첫째인 자신을 더 좋아한다고 쟁탈전이 시작된다. 못난 어미를 이토록 온전히 아무 조건 없이 사랑해주는 것이 자식 말고 어디 있으랴? 이건 추억이 많고 함께 부대끼는 일이 많을 때 추억담도 많다. 남는 건 사진뿐이라는 말이 맞다. 머릿속에 다 넣어 둘 수가 없으니 사진을 보며 그때 있었던 앞뒤 장면을 떠올리고 이야기꽃을 피우는 것이다. 이런 추억담이 많을수록 자녀가 학교생활을 할 때 어려움이 닥치면 뛰어넘을 수 있는

토대가 되기도 한다. 자존감이라고 말해도 된다. 그 무엇보다 더 소중하다고 여겼기 때문에 함께했던 시간이라고 한다면 어찌 자신을 소중하다고 여기지 않겠는가 말이다. 그뿐만 아니라 너무도 조바심내 하는 성적보다 더한 학교폭력, 왕따로부터 피하거나 이겨낼 수 있다.

나 역시도 어린 시절 귀가를 하면 늘 일터에 계셨던 부모님이셨기에 허전함을 생생히 기억하고 있다. 아버지보다도 어머니가 계시는 날에는 더욱 마음에 안정이 되면서 기분이 편했던 기억이 난다. 그만큼 자녀에게 엄마는 세상 전부라 해도 과언이 아니다. 안의 해라고 해서 아내라고 하지 않던가? 우리 엄마들은 본인 스스로 나는 '안의 해' 라는 자부심을 갖고 가정을 소중히 꾸려가야 한다.

제 자식을 직접 키우고 싶지 않은 사람이 어디 있겠냐고 성화를 내는 사람도 있을 것이다. 사정이 그럴 수밖에 없다면 직장에서 돌아온 후 아이를 대할 때는 온전히 아이를 대하고 밖에서의 나쁜 일은 최대한 털어버려야 한다. 아이는 온종일 엄마만 기다리고 있었는데 나타난 엄마는 화났거나 우울해 있다면 아이는 얼마나 마음의 상처가 크냐 말이다. 조금 강하게 말해도 괜찮다면 빚더미에 앉았거나 굶어 죽지 않으면 아이를 3살까지는 키우고 난 후 일을 하기 바란다.

아이가 생겼다면, 이 책을 읽고 생각이 달라졌다면 인생 계획표를 세워보라. 단 두 종류를 세워라. 하나는 아이를 맡기고 일하는 계획표, 또 다른 하나는 아이를 3살까지 키우고 난 뒤 계획표. 이렇게 두 종류의 계획표를 세워

보면 지혜로운 선택을 할 수 있을 것이다.

　이제 100세 시대란 것을 누구도 부정하지 않는다. 그런데 겨우 3분의 1일인 30대에 일을 그만두는 것을 삶을 포기하는 것처럼 여긴다면 100세까지를 어떻게 채워 가냔 말이다. 수많은 자기계발서를 읽다 보면 현실에 충실하다가 돈까지 벌게 되고 그것이 직업이 되는 경우도 많다. 나만해도 그렇다. 아이 키우는 일을 보람으로 여기고 최선을 다하다 보니 이렇게 책에까지 내 얘기를 나누고자 하는 일이 생기지 않는가?

사교육 없이도
영재원에 입학할 수 있다

자신의 자녀가 영재원에 합격해서 특별한 교육을 받을 수 있다면 보내겠는가? 대부분의 부모는 망설임 없이 예! 라고 말할 것이다. 공교육, 사교육에서 배운 적 없고 가르치지 않는 특별한 방법으로 영재원 수업이 이루어지기 때문일 것이다. 인성과 적성, 창의성, 성적까지 두루 갖춘 아이들과 함께 앉아 수업한다는 것 또한 엄마라면 욕심나지 않을 수 없을 것이다. 나 또한 그랬다. 그래서 아이가 조그마한 영재성을 보인다면 지원해 보고자 한다. 그리고 대부분은 영재원을 들어가면 가끔 국제중을 고려한다. 그리고 대부분은 특목고를 다음 순서로 생각하기에 '영재원'하면 왠지 아주 특별한 아이들이 모여서 공부하는 집단이라는 환상을 가진 것도 부인할 수 없는 사실이다.

영재원에 입학하기 위해서 사교육 영재전문 Y학원을 필수코스로 생각하는 분들이 많다.

희망이가 2년째 영재원 수업을 받고 있지만 '아니오'에 한 표다. 영재원 전문 모 학원의 학생 100명이 지원한다. 90명의 아이가 비슷한 답지를 작성할 것이다. 똑 같은 수업을 받고 똑 같이 생각하는데 과연 창의적인 아이라고 할 수 있을까? 그 학원에 다니는 아이들끼리의 경쟁이라고 봐도 된다고 본다. 물론 희망이처럼 학원에 안 다니는 학생도 가끔 입학하는 경우가 있긴 하다. 오히려 영어도 수학도 학원에 다니지 않고 책 읽기로 다져가는 친구를 만날 수 있어서 행운이었다. 내 아이가 잘났다는 것이 아니다. 다른 생각을 하고 다른 방법으로 공부한 학생을 더 많이 선발해야 하고 선발되어야 한다. 자신만의 특별한 학습법, 창의력, 가치관을 갖도록 우리가 길러야 한다. 학원에 다녀야만 영재원에 입학하는 것이 아니라 그 학원을 다닌 학생들 100%가 영재원에 입학원서를 내는 것이다.

여기서 희망이의 영재원 입학 성공기(?)를 밝히겠다.

솔직히 아직도 꿈만 같다. 선행도 없었고 학원도 다니지 않았다. 혹시나 하고 지원했는데 한 단계, 한 단계를 넘어서 결국 합격! 이라는 꿈같은 기회를 잡은 것이다. 영재원 지원신청서를 받고 가장 먼저 내가 했던 것은 책 찾기였다. 수학, 과학과 관련된 도서였다. 희망이는 학교 공부도 늘 개념을 확실히 잡아주기 위해 지난 교과 관련 도서도 꾸준히 읽고 재밌어했기에 힘든 일은 아니었다. 이런 책들을 많이 읽어야 생각하는 폭도 넓어지고 깊어진다는 믿음도 있었다. 우연히 행운의 책 한 권을 발견했다. 영재원에 수많은 학생을 입학시킨 선생님께서 쓰신 책이었다. 너무 큰 힘이 되었다. 학원, 선행을 많이 한 아이보다는 자기주도학습과 창의성을 많이 본다고 하셨다. 학원에서 길러진 창의성이나 어려운 문제를 술술 잘 푸는 아이는 너무나도 넘쳐나고 있다고도 하셨다. 나 역시도 이런 현실을 알기에 학원 보낼 돈으로 책을 샀고, 영화 한 번 더 보고, 야외로 한 번 더 데리고 나갔다.

이렇게 여행이든 영화든 경험하고 나면 느낀 점과 그다음 원하는 체험을 들어 주고 기억해 두었다. 그렇게 체험지가 정해지곤 했다. 자기 전 경험들을 일기에 담으면 아이가 쑤~욱 자란 느낌이 들 때가 많다. 백문이불여일견이란 말은 옳은 가르침이란 것을 깨달으며 하루하루 살아가고 있는 요즘이다.

희망이만 가능한 것이 아니다. 반드시 당신의 자녀도 가능한 일이니까 무조건 선행을 따라하고 학원만 달려갈 것이 아니다. 창의적인 생각을 할 수 있도록 다양한 경험을 하도록 하게 해주어야 한다. 수학, 과학 관련 도서를 읽도록 환경을 깔아 주어야 한다. 그리고 너무도 당연히 자녀에게 충분히 영재원에 관한 설명을 해주고 자녀가 '다니고 싶다'는 마음이 든다면 그때 영재원준비도 해야 될 것이다.

희망이는 영재원에서 학교에서는 배우지 않는 다른 공부를 하게 되어 아주 흥미를 갖고 수업에 임하고 있다.

영재원 자기소개서에 학생이 적는 난은 스스로 적게 했었다. 지나온 짧은 시간이지만 한번 되짚어보며 자신은 포기하지 않고 도전을 수없이 하는 사람이라는 걸 알게 되었다고 했다. 그 예를 하나 적었는데 3학년 때 체육부장을 뽑는데 손을 들고 있으면 가위바위보로 정할 때도 있고, 체육 선생님께서 지명하실 때도 있었다. 그렇게 한 명이 뽑히면 1개월을 할 수 있었다. 희망이는 매달 손을 들었단다. 매달 되지 않아 안타까움을 일기장에 적곤 하더니 포기를 하지 않고 될 때까지 손을 들었단다. 결국 10월도 11월도 아닌 12월에 체육부장을 하게 되었다. 우연히 일기장에서 이야기를 읽고 어찌나 감격스러웠는지 잊을 수가 없다. 수없는 도전 끝의 성공이란 이렇게 값진 것이구나. 나보다 나은 딸이구나. 그 체육부장이 뭐라고. 어미보다 낫구나. 속으로 생각하며 대견해 했다. 영재원의 자기소개서에 이 스토리도 빠짐없이 기록했었다. 웃지 못할 일화도 있었다. 장난스럽긴 하지만, 진심이 담긴 ' 실패를 하더라도 실망스럽지 않고 즐겁습니다. 하하하' 라는 문장이 맘에 걸렸다. 지우자고 했지만, 자신의 솔직한 심정이고 소개이기 때문에 지우지 않겠다고 했다. 합격보다는 도전 경험이고 올해보다 내년에 더 중점을 뒀기에 크게 신경 쓰지 않고 지원했다. 덜컥 최종합격이 되어버렸다.

나는 희망이가 영재원을 합격한 비결을 꼽으라면 서슴없이 말할 것이다. 책을 읽고, 스스로 공부하고, 그 무엇에 전부 도전하고자 하는 모험심(?)이 아니었나 생각한다고. 분명 희망이만큼 수학을 잘하고 공부를 잘하는 친구는 많을 것이다. 무엇보다 사교육에 지친 또래 친구들은 이것도 해보고 저것도 해보고 싶은 욕구가 적은 듯했다. 무엇보다 시간이 부족하고 시간을 조절하기가 쉽지 않기 때문이었다.

이제 선택은 부모의 몫이다. 좀 더 정확하게 말하면 엄마의 몫이다. 엄마가 영어 학원 정보, 공부방 정보 알아내는 데 중점을 둘 것인가? 사교육 없이도 잘 하고 있는 아이를 설득해 사교육을 하도록 할 것인가? 검색만 하면 수십 페이지가 뜨는 책을 찾아 내 아이에게 건넬 것인가? 학교 도서관, 시립 도서관을 놀이터마냥 활용할 것인가?

　육아 15년차가 되니 선배 엄마라고 상담을 해 오는 경우가 더러 있다. 늘 '아이가 원해서' 로 일관하는 동생들을 보고 있으면 안타깝다. 명문대를 졸업해도 청년실업은 이미 내 가족의 일이 된 지 오래다. 사회적 현상을 피부로 느끼고 있으면서도 부모는 변함이 없다. 똑같이 찍어내듯 영어 학원, 수학 학원, 논술 학원을 찾고 더 좋은 학원을 자꾸만 보내려고 혈안이 되어 있다. 옆집 아이가 내 아이보다 영어를 2년 늦게 시작했는데 내 아이와 같은 레벨이 되는 상황이 싫단다. 결국, 그 이유로 학원을 옮기는 엄마도 있었다. 더 높은 레벨이 없으니 옆집 아이와 같은 레벨로는 학원에 다닐 수 없으니 다른 학원을 알아본다고 대놓고 말한 사람도 있었다.　언어는 조금 늦고 빠름의 차이는 있지만 자라다 보면 모두 똑같아진다. 영어를 왜 배우게 하는지 목적이 전혀 없는 것이 아닌가? 배움의 목적은 아이와 부모가 공유하되 늘 마음에 새겨야 한다. 그런 다음 학원은 활용을 해야 한다. 그 목적은 멀리 내다보면 볼수록 좋다. 희망이 역시 멀리 내다보고 가는 여행길에 휴게소 들리듯 영재원도 들어갔다. 분명한 목적을 정해 놓고 조금씩 천천히 나아간다면 옆집아이와 레벨이 같아서 불쾌한 일은 없을 것이다.
　그리고 학원을 안 다니고 선행을 하지 않는다고 하여도 다양한 주제의 책을 읽고 호기심을 갖도록 해 주면 된다. 많은 경험이 바탕이 되면 도전하려는 모험심이 아이들에게는 도움을 주는 사람이 되고 싶다는 생각까지도 한다.

　내 아이가 영재원에 합격했다고 자랑하려는 마음은 없다. 남부러울 것 없는 사회인도 아닌 이제 겨우 중학생이고 초등 4학년이다. 단지 이 지면을 통해서 선행을 많이 하지 않아도 심화를 하지 않아도 아이가 원하면 특별하고 차별화된 영재교육을 받아보기를 권하고 싶다. 누구라도 합격할 수 있다고 말하고 싶은 것이다. 그리고 대한민국에서 자녀들이 힘든 사교육보다는 행복한 마음을 갖고 스스로 하고 싶은 마음을 내어 도전하는 적극적인 아이들이 더욱 많아졌으면 좋겠다는 바람이다.

남편을 사랑하는 척이라도 해라

결혼한 지 10년 정도 된 부모에게 느닷없는 질문을 하나 던지고 싶다.

현재 당신은 남편을 사랑하는가? 또는 아내를 사랑하는가?

때론 10명중 한명정도 사랑한다고 대답하는 분도 있긴 하지만, 모두 작은 미소로 답하곤 한다. 쓸데없는 질문은 하지 말라는 소리로 웃음을 자아내게 하는 경우도 있었다.

한 남자와 결혼을 해서 죽을 때까지 한 남자와 한평생을 어떻게 살아갈까? 결혼전 나의 화두였다. 결론을 내지 못한 채 결혼을 하게 되었다. 절절한 사랑까지는 아니여도 남편을 사랑한다고 믿고 결혼했다. 지금 누군가 나에게 남편을 사랑하냐고 물으면 무슨 질문인지 되물을 것이고, 어떤 팩트가 궁금하냐고 되물을 것이다. 의리로 사는 것이다. 나 역시.

나도 대한민국의 몇 안 되는 20~30년이 되어도 여전히 사랑스러운 아내이고 싶었고, 사랑받고 싶었다. 인생도 육아도 남편도 내 맘대로 되지 않았다. 현실은 아이가 곱게 자라려면 부모가 사랑하고 서로 위해주면 된단다. 그 모습을 보고 자란 자녀는 자존감이 높아지고 공부도 잘 한단다. 까짓거 시늉만이라도 내보자 싶어 돌입했다. 일명 '남편 사랑하는 척 하기'

　책 읽는 척 하듯 사랑하는 척 존경하는 척만 했다. 내 마음보다 남편과 아이들이 더 헤죽헤죽 좋아서 야단이었다. 조금씩 아빠의 자리를 만들어 갔고 가정에서도 늘 아빠의 권위를 세워 주었다.

　내 자녀는 엄마와 아빠가 아주 끔찍이 사랑해서 자신이 태어났다고 믿고 있다. 왜냐하면 어린이집, 유치원에서 성교육이 필수적으로 이루어지는데 엄마, 아빠가 사랑을 해서 태어났다고 가르치고 있기 때문이다. 그런데 우리의 모습은 자녀에게 사랑하는 모습을 보이는가? 부끄럽지만 나 역시도 사랑보다는 원망하고 탓하는 시간이 반을 차지했다. 희망이가 9살이 지날 때 쯤 남편을 대하는 나를 재정비를 하고 존경, 존중모드로 들어갔다. 자녀를 사랑하는 것 2배 이상으로 남편을 사랑하고 존중해야 한다는 것이 모든 전문가들의 조언이다.

　그렇게 했을 때 자녀가 마음의 안정을 찾게 되고 얼굴도 편안해져서 모든 일이 술술 풀리게 된다. 어른도 누군가와 다투거나 속상한 일이 있을 때 책 속의 글이 내용이 머릿속에 들어오는가? 쉽지 않다. 흥분되고 긴장되고 걱정되는 마음으로는 책뿐만 아니라 아무것도 제대로 되지 않는다. 엄마의 마음이 늘 편안한 상태를 유지해야 한다. 그러면 자녀는 어떤 힘든 일이 있어도 이겨나갈 수 있다.

가화만사성은 진리이고 이치이다. 가화만사성이 되려면 부부중심으로 부부가 더 사랑해야 한다. 자녀를 잘 키우고 싶으면 남편을 사랑하는 척하면 된다. 세상의 전부인 엄마가 사랑하는 아빠와 아빠가 사랑하는 엄마 사이에서 자신이 태어났다는 우월감을 느끼게 해주는 건 돈이 드는 게 아니다. 잊지 않고 연습을 하면 가능하다. 연습하다보면 습관이 되어 있고 가화만사성도 습관처럼 뒤에 따라 붙을 것이다. 늘 나는 남편을 사랑하고 존경만하고 부부 싸움도 안하는지 되묻고 싶을 것이다. 남편이 술 마시고 늦는 날이 없냐고도 묻고 싶을 것이다. 나의 대답은 여전히 술 마시고 귀가시간도 늦고 사랑하는 척이 되지 않고 존경이 되지 않는 날도 많다. 하지만 저 깊은 내면에 남편의 자리, 아버지의 자리가 아이의 행복을 결정 한다 해도 과언이 아니라고 믿고 있는 자다. 자식을 위해 못할 일이 없듯 자식을 위해 못 참을 것이 없다고 딱 정하고 살아간다. 이것이 나의 육아원칙 1번이라고 해도 과언이 아니다.

주몽이야기를 하자면 그의 어머니 유화부인은 놀러 나왔다가 해모수의 눈에 들어와 사랑을 하고 임신을 하게 된다. 그리고 해모수는 떠나 버린다. 금와왕이 유화부인을 아내로 맞아들이고 알을 낳게 되는데 알에서 태어난 이가 주몽이다. 금와왕의 친자식이 아니라는 이유로 형제들에게 많은 시달림을 당하게 된다.

그토록 시달림을 당할 때마다 유화부인은 주몽을 데리고 두 손을 불끈 쥐고 늘 힘주어 말했다. "네 아버지는 해모수다. 자랑스럽게 생각하고 당당하게 살아야 한다"고 수십 번 아니 수백 번을 말했다고 한다. 이런 말을 들은 주몽이었기에 고구려를 건국할 수 있는 자신감과 자존감이 있지 않았을까? 단 한번 얼굴도 본적 없는 아버지를 훌륭하게 생각할 수 있도록 말하고 원 망의 말은 단 한 번도 하지 않았던 유화부인에게서 나는 누구라도 유화 부 인 같은 심정으로 자녀를 키운다면 주몽 못지 않은 자녀를 키울 수 있을 거 라고 확신한다.

부부사이에서 어찌 싸우지 않고 살수가 있겠는가? 싸우지 않는 것이 오히 려 비정상일 것이다. 싸우되 지혜롭게 풀어야 한다. 비가 내려야 땅이 굳어 지고, 무지개가 떠오르듯이 부부싸움을 부정적으로 받아들이기만 할 것이 아니라 긍정적으로 받아들일 필요가 있다. 엄마 아빠가 화를 내고 싸웠는데 아이들에게는 그 감정이 전해지지 않도록 하면 가장 좋은 방법이지만 인간 인 이상 쉽지는 않다. 나도 많이 시도해보았지만 될 때도 있고 안 될 때도 있 다. 그러나 끊임없이 시도한다. 자녀에게

"친한 친구라서 다툴 일이 더 많은 것처럼 엄마아빠도 사랑하니까 싸울 일도 많은 거야. 걱정 하지마. 엄마 괜찮아."

라고 말 해 줄때가 많다. 그러면 아이도 눈치를 보기 보다는 별로 신경을 쓰지 않고 제 할 일을 하게 된다. 아이는 엄마 기분과 똑같은 그래프를 유지 한다. 엄마가 아프면 아이도 아프다. 몸이 아프든 마음이 아프든 아이도 아 프다. 아이에게 엄마는 세상 전부이고 우주 전체이기 때문이다. 잊으면 안 된다.

남편을 가끔 자녀교육에
참여시켜라

2016학년, 희망이가 초등학교 전교회장이 되었다. 학교에서 엄마들이 말하기를 아빠가 자녀교육에 열성적이라서 그렇다고 소문이 났다. 부정하고 싶은 생각은 없다. 결국 회장선거에 출마하라고 허락한 것도 아빠이니까 말이다.

남편은 희망이가 5살이 되어 유치원에 입학할 때도 잠시 시간을 내어 함께 참여했다. 내가 직장일로 빠질 수 없는 상황일 때 남편이 공개수업, 참여수업을 참가했다. 초1학년부터 6년까지 1년에 한번 담임선생님께 함께 찾아가 인사를 드렸다. 엄마 혼자 선생님을 만나 뵙고 오는 것보다 아빠가 함께 다녀오면 그날 저녁 밥상에서는 학교 이야기로 끝이 없다.

선생님 안경을 쓰셨던데 아빠보다 시력이 나쁘신가? 선생님이 참 예뻐하시던데 엄마하고 선생님 중에 희망(복덩)인 누가 더 예쁘신 거 같니? 엄하진 않으시지? 등등 얼굴을 뵙고 마주하고 온 날은 아는 게 제법 생겼으니 할 말이 많아질 수밖에 없다. 더욱이 아이들이 아빠가 담임선생님과 인사를 했다는 사실을 너무나 좋아했다. 아빠가 학교에 와서 담임선생님을 만나 뵙고 자신에 관한 이야기를 했다는 것에 대해서 큰 자부심을 갖고 학교생활을 해 나갔다. 어찌 학교생활에 신명나지 않을 수가 있는가? 어찌 학교생활이 싫어질 수가 있는가? 신학기에 긴장감이 자신감으로 바뀌고 의욕이 생기기 시작하는 것을 눈으로 확인할 수 있었다.

물론 첫째 희망이에게만 그런 것이 아니라 둘째 복덩이에게도 이어지고 있다. 어린이집에서 부모 참여수업을 할 때 함께 가서 선생님 얼굴을 뵙고 온 남편도 시간이 많이 지나도 아이와 할 이야기가 생기고 단 한번 선생님께서 하셨던 그 말씀만으로 1년 동안 아이를 지지해 주는데 큰 버팀목이 되었다. 아마 이렇게 할 수 없으신 아빠가 많으실 거다. 그래서 늘 아이들에게도 아빠가 많이 사랑하고 관심도 많다고 자부심을 가지라고 말해주고 있다. 그럴 때 다 아이들은 알고 있다며 아빠가 학교에 오시는 경우는 잘 없기 때문에 무척 자랑스럽다고 한다. 하지만 육아서를 낸 아빠도 계실만큼 자녀교육에는 이제 엄마 몫이라고 단정할 수 없는 것이 현실이다. 부모가 함께 뒷받침하는 아이의 엄마, 또는 아빠만 아이교육에 뒷받침하면 당연히 두 사람이 함께 하는 쪽이 이로울 것이다. 물론 마음과 뜻이 잘 맞아 하겠지만 말이다. 남편의 경우 나의 육아법을 전적으로 신뢰하고 지지해 주는 편이라 더없이 감사한 일이다. 자녀교육에서 만큼은 친정 시댁을 살펴보면 문화가 비슷했다. 엄하고 검소하고 부족하게 자식을 키우셨다. 그래서 남편과 우리는 저축하는 습관, 나누는 습관, 책 읽는 습관을 몸에 익혀서 유산으로 물려주고자 애쓰고 있다. 그래서 나누고 저축하려면 경제적 기반도 튼튼해야 된다는 것을 어린 시절부터 깨닫고 그 밑바탕은 책을 많이 읽고 공부 또한 열심히 해야 하는 길이란 걸 스스로 알아가고 있는 것이다.

학교에 가면 엄마는 아무래도 여선생님을 대할 때 불편하고 조심스럽지만 남편들은 덜 하다는 걸 알았다. 남편은 더도 덜도 없고 딱 잘라 말씀드린다.

"발표는 좀 차례다 싶을 때 빠뜨리지 말고 시켜 주시고 혼낼 일 있을 땐 반드시 혼내고 많은 관심을 부탁드립니다."

더 이상은 없다. 여자처럼 이것저것 세심하게 할 질문도 없으니 그 다음엔 선생님 말씀을 듣고 10여분 앉아 있다가 나오면 끝이다. 봄 또는 가을에 그렇게 상담주간에 찾아뵙고 앞으로 그럴 계획이라고 우린 약속했다. 남편도 제 자식 위해 하는 일인데 내가 왜 이렇게 고마운지 모르겠다.

내가 살고 있는 동네에는 '고향의 봄'이라는 시립도서관이 있다. 우리 가족이 살아가면서 집과 학교 다음으로 많이 찾는 곳이다. 엄마와 자녀가 함께 온 집은 아주 많지만 남편까지 함께 오는 집은 드물다. 아주 가끔 오는 집도 있긴 하지만 남편은 자주 함께 와서 독서를 한다. 남편은 실로 연애시절 책 읽는 모습을 본적이 거의 없다. 내 이상형은 다독가이고 글쟁이인데 결혼하고 다독가가 되고 글쟁이가 되려는 것 같다. 이 모습을 학교 엄마들이 많이 봐서 그런지 희망이 복덩이는 아빠의 교육 열정이 대단하다고 입을 모은다. 엄마 덕분이라고 하면 정말 얼굴이 화끈거리고 부끄러울 뻔 했는데 분산되어서 평을 하니 이 얼마나 다행스러운 일인지 모르겠다. 희망이 복덩이가 잘 자라고 있다는 게 맞다면 첫 번째 일등공신은 남편의 역할이라고 인정한다. 조용한 외조로 아빠로서의 역할을 빠짐없이 해 준 덕분이다. 남편은 아이들에게 공부에 대한 큰 부담도 주지 않는다. 가끔 관심을 드러내며 이야기 나누고 되도록 친근한 아빠가 되려고 하는 남편이 나는 더없이 고맙다. 구분 짓자면 엄마인 내가 악역을 하고 남편이 선역을 하는 것이다. 그래도 엄마가 아빠를 존중하고 사랑하는 모습을 보고 자란 자녀들은 아빠 말씀은 법으로 알고 무서워할 줄도 안다.

부모에게 권하고 싶은 책
① 대한민국 엄마 구하기, 박재원 저
② 사교육 없이 국제중 보낸 하루나이 독서, 이상화 저
③ 닥치고 군대육아, 김선미 저
④ 엄마의 공부가 사교육을 이긴다, 김민숙 저
⑤ 엄마가 학원을 이긴다, 정하나 저

제4장
인내 (Patience)

집에서 혼내면 밖에서 칭찬소리 들리고, 집에서 감싸면 밖에서 비난소리 들린다

"귀한 자식일수록 엄하게 키워라."는 옛말이 무색한 요즘이다.

자존감을 키워주고 아이의 기를 살려주기 위해 수많은 부모들이 오냐오냐하며 키우는 걸 부정기 어렵다. 원하는 걸 다 해주는 것이 다반사인 것을 흔치않게 보기도 한다. 원하기만 하면 힘들지 않게 손에 쥘 수 있고, 원하기만 하면 이루어지는데 힘들게 꼼짝 않고 공부하고 싶은 아이가 몇이나 될까?

나의 육아원칙 또 하나는 "부족하게 키운다" 이다. 쌓아 놓은 재산도 없지만, 있어도 부족하게 키울 것이란 뜻이다. 갖고 싶어 하는 것이 무엇이든 이것 저것 따지고, 재고, 남편과 의논한 후, 꼭 필요하다는 결론이 내려지면 사주고 그렇지 않다면 절대 사주지 않는다. 그래야 부모의 권위가 선다. 엄마, 아빠가 힘들게 일해서 번 돈을 함부로 써서 안 된다는 것도 알아야 한다.

학교 교실에선 찾지 않는 연필과 지우개 등 학용품이 널려 있다. 아무리 연필주인? 지우개 주인? 불러도 찾아가는 아이가 별로 없다고 한다.

아이들은 잃어버린 물건을 힘들게 찾지 않아도 엄마가 다 사주기 때문에 찾을 리가 없다. 안타깝다. 잃어버린 연필이나 지우개가 아니라 내 것에 대한 아끼고 소중히 다루는 마음이 사라지는 것이 안타깝다.

사소한 것부터 가정에서 교육이 된다면 그 아이에 대한 칭찬소리는 끊이지 않을 것이다.

희망이가 1학년이 되고 처음 담임선생님을 찾아 뵈었을 때였다. 교직생활을 30년 넘게 하셨을 만큼 지긋한 연세의 여 선생님이셨다. 그야말로 입이 마르고 닳도록 희망이를 칭찬해주셨다.

"요즘 보기 드물게 인성이 참 바릅니다. 나설 때 나서지 않을 때 구분도 정확하고 집에서 어떻게 하시나요?"

무척 당황스러웠다. 별로 인성교육이라고 시킨 것이 별로 없었으니 당황할 수밖에 없었다.

"잘못한 것이 있을 때 즉시 혼을 내는 편입니다. 아직은 필요할 때 체벌도 하고 있습니다. 부모가 모두 엄하게 키워 오히려 내성적이진 않을지 염려가 됩니다."

선생님께서는 잘 키우고 있다고 칭찬해 주시며 초심을 잃지 말고 잘 키워보라고 격려도 해 주셨다. 요즘에는 아이를 하나 아니면 둘인 집이 많다. 귀한 자식이다 보니 체벌은 상상도 못한다. 야단도 치지 않으니 학교에서 친구들끼리 싸움도 많고 대립할 일이 많다는 말씀이셨다. 심지어 숙제를 모른다고 밤 9시가 되었는데도 아이가 직접 선생님께 전화까지 하는 풍경도 벌어진다고 하셨다.

나는 아주 평범하다고 생각했던 희망이가 이렇게 칭찬을 듣는 이유를 알 것도 같았다. 우리 엄마들이 아이를 키우면서 방향이 어디로 향하고 있을까? 친구나 선생님 이웃사람에게 지지받는 것은 관심 없고 100점과 1등만할 수 있다면 인성은 나중에 바로 잡아도 된다고 생각하는 건 아닐까?

적어도 '집에서 새는 바가지 밖에서도 샌다'는 걸 명심하길 바란다. 그리고 '지 자식 지나 이쁘지.' 라는 말도 잊지 말기를 바란다. 아무리 어여쁜 아이도 부모 눈에는 예쁘겠지만 얄미운 행동을 한다면 어느 누구도 예뻐하지 않는다. 하지만 집에서 새는 바가지를 잘 엮어서 물이 흐르지 않게 한 후 밖에서 쓴다면 제법 쓸만하다고 칭찬할 것이다.

복덩이는 남자아이의 특성상 얌전하게 앉아있지는 못한다. 까분다. 하지만 단 한 번도 누군가를 때린 적이 없다. 어릴 때부터 귀에 못이 박히도록 타일렀던 말이 있다. 절대로 사람을 때리거나 다치게 해서는 안 된다는 것이었다. 물론 친구들이 먼저 공격해오는 경우엔 어쩔 수 없이 싸움이 될 때도 있을 수 있을 것이다. 그때도 마음을 크게 먹고 애들은 싸우면서 커가는 거다. 라고 위로하고 넘어가려고 한다. 수많은 부모들이 "맞지 말고 때려!" 또는 "먼저 때려버려!" 라고 가르치니 학교폭력이 심각한 수준까지 이른 게 아니냐 말이다.

실제로 주변의 엄마는 어릴 때부터 '선빵'을 날리라고 말했다고 한다. 그러다 초등 고학년이 되어 실제로 안경을 쓴 친구를 선빵을 날려 가해가족과 피해가족 학교까지 모두 홍역을 치르는 걸 본적이 있다. 남자 아이들의 싸움에 있어서 맞게 되어도 한번은 참고 말로 하라고 일러둔다. 아무리 부모가 말해도 아이가 쌓이고 쌓여 폭발시점이 되고 화가 많이 났을 때는 엄마의 말이 떠오를 리도 없을 것이다. 하지만 초등 1학년부터 맞지 말고 때리라고 가르치는 건 대한민국을 죄를 짓고도 죄책감 따위는 느끼지 않도록 병들게 하는 행위가 아닌가 싶다.

학교나 유치원에서 내 자식이 칭찬받기를 원한다면 집에서 잘못된 행동이나 말을 했을 때 그때그때 바로 잡아주어야 할 것이다. 기죽인다고 생각하면 오산이다. 행동과 말을 바르게 하는 아이는 선생님 눈에도 예쁘다. 기특하기 때문에 저절로 기를 살려주게 마련이다. 그때 아이는 자존감이 자란다.

매사에 작은 일에도 화를 내고 혼내란 뜻이 아니다. 많은 엄마들이 자존감이니 아이 기 살린다느니 여러 이유로 필요이상으로 자신감을 북돋워 주기 위해 뭐든지 아이위주로 생활패턴이 정해져 있다. 집에서도 서열이 1위가 된지 오래다. 아빠, 엄마보다도 더 꽉 짜여진 스케줄에 따라 움직여야 하는 아이가 늘 우선순위가 되는 것이다.

부모님 보다 아이가 우선시 되는 가정은 절대로 아이가 바르게 자랄 수가 없다. 반드시 바로 잡아야 한다. 물은 위에서 아래로 흐르는 것이라는 것을 기억하고 늘 부모님이 우선이고 부모님 위주가 되어야 우주법칙에 맞도록 자녀는 잘 자랄 것이다.

아이가 어릴 때부터 바로 잡아주면 좋겠지만 좀 컸다 싶어도 아이가 바르지 않은 행동과 말을 할 때는 즉시 고쳐주어야 한다. 이때 좋게 말을 했는데도 고쳐지지 않을 때는 엄한 부모의 규칙이 뒤따라야 한다는 것이다. 그렇게 할 때 밖에서는 분명 칭찬소리가 들릴 것이다.

혼내거나 야단을 치면 아이가 기가 죽을 것이라는 생각은 조금 잘못된 생각이다. 나의 경험상 두 아이를 키워오면서 100% 모두 이성적으로만 혼냈다고 자신할 수는 없다. 제대로 혼내기 위해서 관련된 육아서를 두루두루 읽어 왔다. 당근과 채찍이 적절히 조화를 이루도록 해야 인성도 성품도 잘 자랄 것이라는 믿음이 있었기 때문이다.

희망이와 복덩이는 매일 아침 논어 등의 고전을 소리 내어 읽고 필사도 한다. 하루는 복덩이가 그 속에서 '귀한 자식은 매로 키우고 미운자식은 먹을 것을 준다'는 구절을 읽으며 엄마가 나를 정말 귀한 자식으로 키우고 계시는 줄 알았다며 감사하다는 말까지 했다. 그래서 더욱 감정적으로 아이를 혼내지 않고 이성적으로 혼내려고 노력했고 지금도 노력중이다.

인간으로 살아가면서 매순간 위기와 고난을 극복하는데 필요한 덕목을 꼽으라면 인내다. 가정을 들여다보면 각자 사정이 다 있다. 부모들도 어린 시절부터 안고 온 미해결된 내적불행이 있다. 아이를 키우면서 자제력을 발휘하기란 쉽지 않다는 것을 잘 안다.

나도 한때 아이들이 어렸을 때는 나보다는 훨씬 나은 삶을 살기를 바라는 욕심만으로 육아에 전념했던 적도 있었다. 인문학 책과 육아서등을 읽으며 인내와 자제력을 키우려면 욕심부터 비우고 기본에 충실하면 된다는 걸 깨달았다. 그리고 기본에 충실한 아이를 믿어주면 아이는 그 믿음이라는 힘을 받고 무럭무럭 큰 꿈을 향해 나아간다는 것을 깨달아가고 있다.

이성적으로 혼내고 마무리해라

나는 막내로 자랐다. 풍족하게 자라지는 못해도 사랑과 귀여움은 많이 받고 자랐다. 잘못한 일이 있으면 반드시 혼나기 마련이다. 회초리를 맞은 기억은 없지만 혼난 기억을 제법 있다. 동네 어른께 실수로 인사를 안 해도 집에 와서 불호령이 떨어졌고 길 가다 감나무에 감을 덥석 따도 혼쭐이 났다.

내 부모님은 혼을 내고 따뜻하게 감싸주는 애프터서비스는 없으셨다. 그 옛날 시골 분이 그리 키우셨다면 난 지금 여기 이렇게 이런 글을 쓰고 있지 않을 것이다. 아마.

이제 세상이 변했다. 육아로 힘든 부모를 위해 수많은 육아서와 방송이 존재한다. 골라서 읽고, 듣고, 실천하기만 하면 된다. 그리고 혼낼 일이 있을 땐 짧고 간단하게 혼을 내고 따뜻하게 감싸주어야 한다.

그러나 자녀를 혼낼 일이 있을 때 이성적으로만 할 수 있다면 자식농사가 어렵고 힘들다는 말이 나올 리가 없다. 이성적으로 아이를 혼내는 일이 그만큼 어렵다는 말이다. 나 역시도 백 번이면 백 번, 모두 그렇게 이성으로만 혼내진 않았다.

희망이가 3학년이었다. 이때쯤 만화책에 가장 푹 빠지는 시기다. 그날은 책상 정리 정돈을 함께 했다. 서랍 속에 있는 것도 다 꺼내어 정리하려는 순간! 이게 뭐지? 학교 도서관 라벨이 붙여진 〈과학동*〉 책이 떡 하니 있는 것이다. 내가 이 순간 화부터 내면 아이는 겁을 먹고 거짓말을 할 확률이 높기 때문에 깊은숨은 두세 번 쉬고는 조사에 들어갔다.

"희망아, 학교 도서관 책이네. 왜 이 책이 네 책상 서랍에 있니?"

"잘 모르겠어요."

어쭈? 거짓말하지 말라고 내가 한 박자 숨까지 쉬었는데 모른다고? 화가 났다. 회초리를 들었다.

"희망아, 지난주에 학교에서 안내장이 있었잖아? 도서관 책 빌려 가서 안 가져온 친구들 연체되었다고 반납하라는 안내장이었는데. 모르니?"

"봤어요. 근데 어디 뒀는지 몰라서 계속 찾고 있었어요." 목소리가 점점 기어들어 갔다.

속으로 그랬겠지. 엄마한테 말해봤자 '만화책을 왜 집에까지 빌려왔어?!' 하며 혼날 것이 뻔하니까 혼자 해결해 보려고 이 궁리 저 궁리를 했을거다. 아직은 내가 너보다 한 수 위다 싶어 슬슬 구슬려 물어보니 빌려와서 몰래 봤단다. 서랍에 넣어두고 어디 뒀는지 잊어버렸단다. 개인적으로 만화책을 극도로 싫어하는 나는 그날 네가 제 정신이야?부터 시작해서 입이 없어? 머리가 없어? 급기야 네가 도둑이야? 까지 온갖 협박과 비난을 퍼붓고는 마무리했다. 희망이는 아직도 이날을 일생일대 가장 혼난 날로 손꼽는다. 가끔 어떻게 그렇게 심하게 혼낼 수 있었냐고 협박한다. 아마 수위를 살짝 넘어섰나 보다. 더 중요한 건 마무리를 잘 해야 했는데 부족했던 거다. 30분 안아주며 마음을 다독여 주어도 부족하면 3시간, 3시간도 부족하면, 3일 동안 마음을 풀어 주어야 한다. 그렇지 않으면 이렇게 5년 전 일을 생생히 기억하고 계속 어미를 협박해댄다. 진지하게 마음이 불편하고 엄마에 대한 원망이 남아 있냐고 물으니 없다고 한다. 다행이다. 아마 엄마한테 불만을 다 얘기하고 엄마한테서 진심으로 사과를 받아서 상처가 다 나은 것 같단다. 그러면서 엄마도 누군가에게 서운하고 상처가 있다면 꼭 말을 하란다. 그리고 혼내고 하루 넘기지 않고 늘 마음을 다독여 주어서 감사하단다.

희망이는 혼나는 일이 많지는 않았다. 복덩이의 경우 혼날 일이 좀 더 많다. 어떤 것은 알아서 잘 챙기다가도 여전히 하나부터 열까지 엄마의 말이나 손을 거쳐야 한다. 한 살 더 먹으면 나아질 거라는 믿음으로 기다리고 있다.

복덩이처럼 남자아이를 키우는 경우는 혼낼 일이 잦다. 둘째라 그런지 애교도 많고 표현도 누나보다 훨씬 많이 한다. 어쩜 이런 아이가 나의 자식으로 왔을까 하는 마음이 들다가도 태도 부분에서 잔소리하고 혼낼 일이 많다. 혼낼 일이 있을 때는 따끔하게 혼내는 것이 옳다는 주의다. 그리고 혼내기 전에 호흡을 크게 3회만 하고 혼을 내보자.

아무 생각 없이 또는 설마 이 말이 상처가 되고 비난이 되는 말인지 몰랐

다. 비난 경멸의 용어를 함축하는 경우가 아주 많다. 친구랑 싸우고 온 아이에게 우리는 가장 먼저

"왜 싸웠어?"

라고 묻는다. 처음이 아닌 경우엔

"또 왜 싸웠어?"

라고 묻는다.

"왜?"

라는 말은 아이를 비난하는 말이다. 싸우지 않아야 하는데 왜 싸웠냐고 아이를 향해 질타 하는 것이다. 상황이 아니라 사람을 비난하는 것이다. 또 왜?는 훨씬 더 비난을 강하게 하는 경우다. 넌 싸운 적이 있는데 또 왜 싸웠냐고 비난하는 것이기 때문에 아이들은 섣불리 엄마에게 마음을 열고 말하려고 하지 않는다.

개인적으로 존경하는 조 벽 교수님의 책을 여러 권을 읽으며 감정코칭이 얼마나 중요한지 많이 깨달을 수 있었다. 싸우고 돌아온 아이에게 먼저 해야 할 것은 경청이다. 아이가 싸웠다고 말을 하면 그 말을 경청했으니 "마음이 아프구나." 라는 말로 아이 말을 경청하고 있다는 표현을 먼저 한 후 "엄마였어도 그랬을 거야." 로 공감을 해준다. 우리가 공감을 표현해 올 때 얼마나 친밀감을 느끼고 실제로 친해지는 경우가 얼마나 많은가? 그리고 우리가 할 일은 관심을 보여주는 것이다. "그 친구랑 언제부터 그랬어?" 그러면 아이가 경청과 공감 관심을 보여주는 엄마에게 때론 눈물을 흘리면서 많은 속마음 이야기를 쏟아낼 것이다. 이때 우리 부모들은 아이에게 행동에 초점을 맞추어야 한다는 것을 알아야 한다. 친구와 지내다 보면 속상한 일

이 생기기도 하지만 때린다든지 해서 마음의 상처뿐만 아니라 몸에 상처를 주는 일은 절대로 하면 안 된단다.

우리는 아이가 숙제나 공부를 해야 할 시간임에도 계속 휴대폰을 만지는 것을 보고 있으면 화가 난다. 하지만 그 화는 알고 보면 걱정을 대신하는 화였다. 화가 날 때 화의 원인을 분석해 보면 알 수 있다. 그럴 땐 행동에 초점을 맞추어 "공부를 해야 할 시간이 30분이 지났는데 휴대폰으로 게임을 하고 있으니 엄마는 걱정이 되는구나."처럼 걱정이 된다고 말해야 하는데 우린 걱정 때문에 불안해서 화를 내는 것이다. 그럼 아이는 이런 행동을 하면 부모님께서 화를 내시는 것이 아니라 걱정을 하시는 것으로 생각을 바꾼다. 어느 순간 행동이 고쳐질 것이다.

또 게임이야? 또 카톡이야? 하며 화부터 내고 이럴 줄 알았다며 쏟아지는 화가 시작되면 부모의 권위는 사라진다. 반드시 심호흡을 하고 이성적으로 대화해야 한다. 자신이 없으면 차라리 못 본 척 하는 것이 훨씬 더 나을지도 모른다. 잠깐 시간을 흘려보내고 난 다음 휴대폰을 계획보다 많이 사용하는 걸 보니 걱정이 된다고 단호하고 정확하게 말하자. 그 대신 아이를 향해 비난하거나 화를 쏟아내지는 말아야 한다. 우리도 꼭 필요한 약속이나, TV 프로그램을 보지 말라며 나에게 비난하고 화를 낸다면 그 기분이 어떨 거 같은가?

결론은 화가 나서 반항의 의미로 더욱더 하고 싶어진다.

〈대한민국 엄마구하기〉 저자 박재원 소장님은 스타기법을 만들어 욱 하는 부모를 위해 방향을 제시해 주는 방법도 보여 주셨다. 그렇게까지 생각해서 스타기법을 만드는 이유가 무엇이겠는가? 공부를 잘하고 좋은 어른이 되기를 바라는 부모 마음은 똑같다. 비록 잔소리를 하고 화를 내지만 부모와의 관계가 그 무엇보다 중요하다는 것이 갈수록 현실로 드러나고 있다. 부모와 관계가 좋은 아이가 성적도 높다는 연구결과도 본 적이 있다.

　무조건 아이가 하는 대로 오냐오냐할 수도 없다. 다만, 화나 나쁜 감정을 섞어서 훈육함은 안 하느니 못하다.

　나의 경우, 회초리를 집안에 두고 필요할 때는 미리 정해진 규칙에 맞추어 훈육이 뒤따랐다. 한때는 우왕좌왕 감정이 앞설 때도 있고 실수도 더러 있었다. 지금도 미안하고 마음은 아프다. 끝까지 공부보다 중요한건 사람이 되는 것이란 나의 육아원칙 때문에 마음이 아파도 바르게 키우는 것에 좀 더 무게를 두었다. 아이들에게도 귀에 못이 박이게 말해왔다. 회초리를 들 때는 들겠다고. 그리고 늦어도 잠들기 전에는 반드시 산책을 하던지 둘만의 시간을 가졌다. 그 일에 대해 마음을 터놓고 대화하는 시간이 중요하기 때문이다. 희망이가 5학년이 되기 직전 회초리는 그만 없어졌다.

　아이를 키우면서 남 따라 하지 않으려고 나름 소신과 원칙을 세웠었다. 그 원칙 속에 아이가 자라면서 사춘기가 되기 전 회초리는 거두고 대화로 양육하고 지도하리라고 다짐했었기 때문이다. 다행스럽게도 두 아이는 회초리가 없어져도 다르지 않고 잘 커가고 있음에 감사할 뿐이다.

고전, 소리 내어 읽고
필사하면 인성이 저절로 자란다

고전 또는 인문학이라고 하면 어떤 기분이 드는가? 물론 책을 좋아하고 많이 읽으시는 분들은 자주 접하고 필요한 책이란 것을 알 것이다. 우리 사회에도 인문학 열풍이 분지 꽤 오래다. 희망이와 복덩이는 고전의 중요성을 알기에 소리내어 읽고 필사까지 하고 있다. 3년이 좀 넘었다. 매일 아침 일어나면 양치질하고 세수한 후 명심보감과 논어를 소리 내어 한 구절씩 읽는다. 콩나물 학습법을 잘 알고 있을 것이다. 읽을 때는 뭐가 뭔지 잘 모르고 읽기 싫은 날도 많지만 10분도 채 걸리지 않는다. 그때쯤 항상 부엌에서 아침 식사 준비를 하는 나에게 와서 무엇을 읽었는지 말한다. 희망이는 중학생이 되면서 노트를 한 권 꺼내더니 날짜를 적고 매일 읽은 것을 기록하고 있다. 당연히 시킨 적이 없다. 비록 한 구절이지만 머릿속에 넣고 정리해서 엄마에게 말해주는 것이 아주 큰 교육의 효과가 있다고 말했다. 암기력이 좋아진 것 같고, 효과적으로 말하는 방법이 조금이 늘고 있는 것 같단다. 내가 가장 바라는 것은 매일같이 읽다 보면 인성은 크게 걱정할 일이 없다는 것이다.

부끄러운 일이지만 평범한 일상이기도 하기에 적겠다. 남편과는 다투는 일도 있다. 아침 시간에는 모두가 바빠서 다투기보다 출근하고 등교하기 바쁘다. 그날은 무엇 때문인지 언성이 서로 좀 높았다. 그 모습을 본 복덩이 녀석이 나에게 와서는 말하는 것이다.

"엄마, 명심보감에서 원한을 맺지 말라 했어요. 길 좁은 곳에서 만나면 피하기 어렵다고요."

"웅? 무슨 말이니?"

"엄마, 아빠랑 다퉈서 좁은 곳에 둘만 있게 될 때 힘이 든단 뜻이겠죠?"

"네 말이 맞구나. 빨리 아빠랑 풀어야겠어."

그랬더니 나의 휴대폰으로 아빠께 똑같은 말을 전하는 것이다. 그날의 감동적인 아침을 잊을 수가 없다. 그리고 콩나물 학습법을 완전히 체득한 날이라고 할까?

뿐만 아니다. 희망이가 중학생이 되면서 친구에 더욱 의미를 부여하는 시기가 되었다. 논어를 읽으며 자신의 시기에 친구가 얼마나 중요한지 알게 되었다고 느낀 점을 말한 날이 있었다. 어릴 때부터 지금까지 한 달에 3번은 넘게 말했을 것이다. 하지만 논어에서 스스로 읽고 스스로 깨달았을 때 그것이 훨씬 큰 울림이 된다는 걸 보았다. 참 다행스럽고 행복한 날이었다.

사실 말이야 바른 말이지 아침에 일어나면 몸도 잘 깨지 못한다. 그러니 두뇌는 당연히 깨지 못한다. 이때 소리 내어 고전을 읽으면 잠도 깨고 두뇌도 서서히 깨어난다. 그리고 아침밥을 반드시 먹고 학교에 가면 수업시간에 집중할 수 있다.

아이들이 점점 커 갈수록 부모님의 좋은 말은 잔소리에 불과하다. 실례를 들어보겠다.

희망이가 고학년이 되어도 또래에 비해 키가 작았다. 한약을 좀 먹이고자 한의원에 갔었다. 한약을 짓고 금할 음식을 말씀하셨다. 희망이는 찬물과 아이스크림은 절대 먹지 말라는 것이다. 책에서 본 적이 있어서 집에서도 될 수 있으면 찬물보다 미지근하게 먹도록 했고 아이스크림은 최소한으로 먹도록 했지만 힘들었다. 하지만 그날 이후(그리 오래가지 않았지만) 스스로 지키려 한다는 걸 알았다. 이제 엄마의 말보다 전문가나 타인의 말이 설득력이 있었다. 결론은 제삼자의 말은 설득력이 강한 때란 것을 받아들여야 했다. 이렇게 부모의 황금 같은 말들은 잔소리로 받아들이니 더욱 고전을 접하도록 해 주어야 한다.

아이 둘은 1학년 때 수학, 영어라는 사교육 대신 10칸 국어 공책에 논어와 명심보감을 필사했다. 마음속으로 읽는 것보다 소리 내 읽는 것이 좋다는 연구결과는 수없이 많다. 소리 내 읽는 것보다 필사하는 것이 더욱 머릿속으로 스며든다는 연구결과도 있다. 오늘 당장부터라도 무리하게 시키는 것도 좋다. 하지만 천 리 길도 한걸음부터이니 한바닥씩, 아이가 자란다 해도 조금씩 오랫동안 하는 것이 중요하다. 우리 집 아이들은 4년째 아침에 소리 내어 읽기를 하루도 빠짐없이 하고 있다.

　나 역시도 인성이 바르거나 본받을 만한 어른임을 믿을 수가 없었다. 하지만 나는 두 아이가 학습에 있어서 1등이나 100점 받아오기보다는 바름과 사람 됨됨이에 있어서 1등이 되기를 진심으로 바랐다. 결국, 이런 방법까지 활용해 보았는데 성공적인 방법이다.

　친구가 중요하다는 것도 명심보감이나 논어에서 나오니 잔소리할 필요도 없다. 뿐만 아니라 말의 중요성, 성실하면 얻게 되는 이익, 글 읽기를 부지런히 해야 하는 것 등 주옥같은 말들이 명심보감과 논어 등 고전에 고스란히 적혀있다.

　우리 집 아이들이 4년째 읽고 있는 고전들의 진정한 의미는 정확하게 설명할 능력까지는 안 될 것이다. 다만 살아가면서 어떻게 살아야 하는지는 고전을 통해 체득하지 않을까 확신한다.

　명심보감은 글의 뜻대로 '마을을 밝혀주는 보배로운 거울' 같은 책이다. 즉 우리가 세상을 살아가는 데 길잡이가 되어 줄 만한 좋은 말을 골라 엮은 책이다. 그러니 한 번만 읽고 그냥 넘어가는 이야기책이 아니다. 옛 어른이 하신 말씀 하나하나를 새기면서 어느 순간 자신의 생활을 되돌아보는 지혜를 키울 수 있도록 발판을 마련해 주어야 한다.

　물질적인 문명은 세월이 흐를수록 변해가지만, 사람답게 살아야 하는 정신적인 도덕은 변하지 않는다는 것 또한 깨달을 수 있는 계기가 될 것이다.

　논어는 우리나라 CEO들이 가장 많이 보는 책이다. 가장 힘들고 어려울 때 펼쳐보는 책이 논어이다. 얼마 전 신문 보도에 따르면 우리나라뿐 아니라 일본이나 중국 등 사회의 성공한 사람들이 반드시 옆에 한 권씩 끼고 있는 책은 '논어'라고 씌어 있었다. 그만큼 논어 속에는 서양의 다른 책에서 볼 수 없는 사색과 지혜 그리고 리더십을 길러주는 가르침이 있기 때문이다. 즉 논어는 힘들고 어려움이 닥쳤을 때 마치 방향을 알려주는 나침반 같은 역할을 할 수 있는 책이 된다.

논어는 2500여 년 전 공자의 가르침을 전하는 동양의 고전이다. 논어가 이렇게 세월이 흘러도 수많은 사람에게 사랑받는 필독서로 꼽히는 이유가 무엇일까? 세월이 흘러도 절대 변하지 않는 진리와 가치를 담고 있기 때문일 것이다. 중국 송나라의 조 보라는 사람은 "논어를 절반만 읽어도 천하를 통치할 수 있다"라고 말했다. 그만큼 논어는 나라를 다스리는 반석으로 삼을 만큼의 지혜와 가르침도 준다는 것이다.

논어를 읽고 쓴다는 것은 자신을 움직이는 지혜와 인성을 기를 수 있는 초석을 다지게 하는 것임이 틀림없다.

신문읽기도 습관만 기르면 된다

'세상을 깊이 있게 살려면 책을 읽고, 세상을 넓게 살려면 신문을 읽어라' 라는 말이 있다. 우리는 당연히 깊이와 넓이, 두 마리 토끼를 다 잡고 싶어 한다.

뿐만 아니라 그토록 많은 아이들이 필수적으로 다니는 논술이라는 것도 해결해주는 방법이기도 하다.

어린 시절, 우리 집은 3종류의 신문을 받아 보았다. 아버지는 집배원 아저씨가 오실 때를 알고 계셨다. 들일을 하시다가 그 시간이 되면 신문을 보러 오시는 걸 보면서 자랐다. 신문 때문에 억울한 일도 겪기는 했다. 아버지가 읽어 보시기 전에 신문을 먼저 뜯어서 아무렇게나 펼쳐 놓으면 불호령이 떨어졌다. 그래서 늘 아버지가 다 읽으신 후에야 뭐가 이리도 재밌는 걸까? 하며 아버지 흉내를 내며 신문을 경이롭게 넘겨봤던 어린 시절이 생각난다. 그때 아버지는 필요한 부분은 오려서 신문조각을 책과 노트에 꽂아도 두셨다. 아버지는 읽으셨던 신문을 새벽녘에 읽고, 또 읽으셨다. 그때를 떠올리며 깨달았다. 말이 아닌 모습으로 가르쳐야 한다는 것을 말이다. 신문을 5년 전부터 받아보기 시작했다. 아버지가 그랬던 것처럼 아이들에게 읽으라는 말 따위는 전혀 하지 않았다. 단지 열심히 남편이 아침저녁, 주말 틈만 나면 읽는 모습을 보인다.

신문사가 많아 어떤 신문을 받아볼까 고민하다가 알게 되었다. 신문사마다 각각의 정치색을 너무 진하게 띠고 있다는 것을 말이다. 아직 사고가 제대로 형성되지 않은 어린이 입장에서 사설 등을 읽다가 신문사 기자의 정치 성향을 그대로 흡수해 버리는 경우가 생긴다. 정치색이 덜한 경제신문을 받아 보기로 했다. 경제신문에도 맨 끝장에 칼럼은 나와 있다. 신문을 하나하나 넘기며 매일 읽기에는 초등학생에게 힘든 과제가 될 것이 분명하기에 경제신문 칼럼 또는 만평만 소리 내어 읽자고 제안했다. 소리 내어 읽기는 거론하지 않아도 얼마나 장점이 많은지 잘 알 것이다.

말더듬이 왕의 증상을 낭독을 통해 고쳐나가는 영화도 있듯이, 낭독은 눈으로 읽는 목독 못지않게 중요하다.

장배의 아버지 장묵생을 기억하며에 따르면 '서재를 세상에 둘도 없는 신성불가침 장소로 여긴 근대 인물 장묵생은 어려서 말을 더듬었는데 아무도 없는 곳에서 책을 큰 소리로 낭독함으로써 병을 고쳤다. 그는 또 만년에 자신에게 가해지는 정치적 압박으로 인한 정신적 부담도 독서를 통해 극복했다고 한다.

이런 이유로 칼럼 한쪽 정도는 소리 내어 읽기를 권하면 좋다. 먼저 습관이 되기 위해서는 늘 같은 시간을 골라야 한다. 아침 7시 반 또는 저녁 8시 반처럼 시간도 정확히 세워야 그 시간이 되면 습관처럼 하는 것을 힘들어하지 않는다. 그렇게 칼럼만 읽는다면 5분이면 다 읽게 된다. 그 후 중심 문장을 찾아 밑줄을 긋게 하고 중심문장이라고 생각하는 이유를 물어본다. 그리고 칼럼 위에다 칼럼과 관련된 의문점이나 쓰고 싶은 말과 생각을 적는다. 그리고 일주일 동안 읽었던 칼럼 중에 가장 흥미로웠던 주제 하나를 골라 주 1회 칼럼일기를 적는다. 그때는 흥미로운 칼럼을 골랐기 때문에 제법 술술 시사, 사회 부분을 자연스레 받아들이며 글을 이어 나간다.

신문은 그날의 교과서다. 신문을 통해 종합적인 사고 및 학습 능력이 향상되고 읽기와 쓰기 능력을 기를 수 있다. 신문을 읽는다는 것은, 책과 친해지는 습관을 기를 수 있는 가장 좋은 방법이다. 그리고 한 집 건너 한 아이가 다닌다는 논술도 해결된다. 나의 경우 논술을 넘기 위한 전략을 이 신문을 선택한 것이다. 가랑비에 옷 젖듯이 말이다. 그 논술의 시작은 쓰기가 아니다. 논술의 시작은 읽기다. 반드시 우리 집이 정답일 리는 만무하지만, 신문 읽기는 효과적이다. 읽기와 쓰기 토론까지도 신문을 읽으면 한꺼번에 해결이 된다. 그러니 신문은 읽는 습관만 잘 들이면 종이가 아니라 금은보화임에 틀림이 없다.

신문을 선택할 때 이런 방법도 있다.

아이를 데리고 도서관으로 가는 것이다. 수많은 종류의 신문을 몇 번에 걸쳐 함께 보는 것이다. 그 후 집으로 받아보고 싶은 신문을 내 아이가 직접 고르게 하는 것이다. 얼마 전부터 우리 집도 어린이용으로 하나를 더 받아보고 있다. 방법과 정답은 자신의 집이라는 것을 명심해야 한다.

우리 집은 신문 읽기를 초등 고학년부터 시작한다. 대화를 나눈 끝에 결정했다. 가끔, 지루해하고 읽고 싶어 하지 않는 날에는 시간을 재고 누가 더 정확하게 읽는지 내기를 하자는 제안을 한다. 그러면 두 눈이 반짝이면서 한 글자도 틀리지 않게 정확한 발음으로 읽으려고 안간힘을 쓴다. 엄마와 누나가 읽으니 복덩이도 덩달아 셋이서 놀이하듯 읽는 날도 제법 있다. 복덩이는 4학년이 되면서 함께 읽고 있는데 30초 핸디캡을 주었다. 승부욕이 강한 복덩이는 누나와 엄마, 둘 중 한 명이라고 이기기 위해 초집중을 해서 읽어댄다. 그 모습이 어찌나 사랑스러운지 난 그때마다 소설가 김훈의 문장이 떠오른다.

'낙원은 여기에 있거나 아니면 없다.'

영어도 습관이다

'영어' 하나만의 주제로 훌륭하게 키워낸 분들이 많다. 그분들의 자녀는 사교육 없이 원서를 읽는다. 원어민과 대화하는 데 무리가 없는 아이를 키워낸 분들의 이야기다. 그분들에 비하면 희망이 복덩이는 어쩌면 부족한지도 모른다. 그럼에도 불구하고 용기를 내서 영어에 대해 이야기도 하고 싶다.

희망이, 복덩이는 영어를 좋아한다. 다행이다. 감사하게도 모든 과목을 다 좋아한다고 말하지만, 그 중 영어도 3위 안에 든다. 친구들의 경우 학원에서 지친 탓인지 영어를 잘 하기는 해도 좋아하는 아이는 별로 없다고 한다. 잘하는 것과 좋아하는 것은 큰 차이가 있다는 것을 잘 알 것이다. 난 우리 아이들이 배움을 즐기기를 바라는 마음이 크다. 영어 역시도 마찬가지였다.

영어를 배우는 목적이 무엇인가? 학교에서 시험점수를 잘 받기 위해서인가? 수능점수 잘 받아서 대학을 잘 가기 위해서인가? 해외여행을 가서 대화를 잘 하기 위해서인가? 어쩌면 지금 우리 부모들의 마음을 꿰뚫고 있다면 정답은 모두 다일 것이다.

우리 집 아이들의 경우, 영어의 목적은 언어로 받아들이고 즐기는 것이었다. 그래서 영어의 시작도 책이었다. 그것도 그림책이었다. 단어 하나 적혀 있는 그림책으로 영어를 시작했다.

'영어'라고 하면, 단어 외워야 하고 문법부터 떠오르고, 해석해야 하는 어려움만 가득하다.

수학만큼은 아니어도 영어를 싫어하는 아이들이, 정확히 말하자면 힘들어하는 아이들이 많다. 나도 영어를 좋아하지 않았다. 지긋지긋했고 힘들어했다.

많은 고민을 해 보았다. 책을 좋아하도록 하는 건 알겠는데 영어도 좋아하도록 할 방법이 없을까? 그래 좋다. 좀 양보해서 좋아하진 않더라도 습관이 되어 싫든 좋든 한국말을 사용하듯 영어를 받아들이게 할 방법은 없을까? 생각했다.

내가 내린 결론은 영어도 책이었다.

다행스럽게도 우리 집 아이들은 사과를 애플이라고 읽어줘도 거부하거나 혼란스러워하는 상황이 전혀 없었다. 사과는 우리말이고 애플은 영어라는 말을 알기도 전부터 집안 곳곳에 붙여져 있었다. 그리고 장식용이 아니라 아이가 관심을 가질 때 곧장 달려가 하나하나 읽어 주었다. 때로는 관심을 보이지 않아도 내가 먼저 관심을 가지며 소리 내어 읽고 호기심을 갖도록 했다. 그렇게 집안 곳곳에 영어라는 환경을 만들고 서서히 빠져들도록 했다.

하루에 3시간은 영어의 환경을 만들려고 애썼다. 이동하는 차 안에서 영어 CD를 켰고, 시시때때로 좋아하는 영어 DVD를 켜 놓고 귀로 듣게 했고, DVD나 다운 받은 영화를 주 1회 이상 보았고, 영어책을 1시간 이상 반드시 집중 듣기를 했다. 일요일과 공휴일, 아이들 생일만 빼고 그렇게 했다. 습관이 되기 전에는 3개월은 무척 힘들다. 아이도 엄마도. 하지만 그 3개월만 지나면 시간이 남고 여유로워서 잘했다고 스스로를 칭찬하는 시간이 온다.

희망이는 1학년이 되면서 피아노만 배우고 틈나는 대로 뛰어놀고 책을 읽도록 해주었다. 그리고 영어 그림책을 도서관에서 끊임없이 빌려다 주었다. 그중에서 좋아하는 영어책을 곧장 구입해 집에서 실컷 보도록 했다.

영어 그림책은 우리 한글 그림책처럼 글자가 없어도 충분히 내용을 알 수 있다. 그리고 CD로 들려주고 엄마가 발음이 서툴러도 읽어준다면 영어에 흥미를 느끼기 마련이다. 희망이 복덩이는 영어책을 갖추긴 했으나 몇천 권이 되지는 않는다. 단지 도서관에서 끊임없이 빌려와 읽고 듣도록 했다. 현재는 아침에 한 권, 오후에 3권을 복덩이가 집중해서 손가락으로 짚어가며 듣고 희망이는 영어책이 제법 두꺼워져 아침에 한 권 오후에 한 권이 영어 공부 끝이다.(집중듣기를 한 시간은 한다.) 하지만 희망이가 작년 이맘때까지만 해도 영어 그림책 9권 또는 자신이 읽고 보고 싶은 만큼 했었다. 1년에 거의 천 권씩을 읽고 듣고 보았다. 그 결과물은 고스란히 제목을 적은 영어 독서 기록장에 기록되어 있다.

6학년이 끝날 때 자그마치 6천 권 영어책의 제목이 적혀 있었다.

맹세코 나는 내 아이가 영어를 앞서기를 바란 적은 없다. 또 좀 더 두꺼운 책을 읽어내기를 바라거나 원한 적도 없다. 그저 꾸준히 습관처럼 몸에 배기를 바랐다. 어쩌면 우리 두 아이의 학습법은 콩나물 학습법이라고 해도 과언이 아니다. 매일 매일 영어책을 듣고 보고 읽지만, 확인을 한다고 되묻는다든지 하는 일은 없었다. 그저 낄낄대고 웃으면 나도 궁금해서 묻긴 한다. 뭐가 그리 재밌는지 이야기 좀 해달라고 말이다. 그러면 신이 나서 책을 가져와 이야기해준다. 난 그거면 되었다고 생각한다. 이 정도 바탕만 깔아주면 영어공부의 필요성을 느낄 때 충분히 또래들과 비슷하게 나아갈 수 있을 거라고 확신한다. 영어 신동처럼 한글 못지않게 초등 저학년인데도 영어원서를 줄줄 읽는 아이들이 이제 허다하지만 내 아이도 반드시 그렇게 해야 하는 조급함을 버려야 한다. 그래야 영어를 공부로 받아들이지 않고 세계 중심의 한 국가의 언어로 문화로 받아들이며 호기심도 가진다. 물론 문법이라 학습적으로 다가가는 부분이 있지만, 한글 못지않게 영어책을 많이 읽는다면 수월하게 할 수 있다는 것이다. 희망이는 초등학교 내내 영어 문제집 한 번 사서 푼 적이 없다. 중학교 듣기평가 100점, 1회, 2회고사 영어 관련된 점수는 100점을 받아왔다. 정말 깜짝 놀랐다. 영어 시험이 쉽게 나왔다는 말을 전하며 밝은 얼굴을 하는 아이를 대하는 것이 나의 목적이었는데 난 성공이다.

복덩이도 누나와 똑같은 방법으로 영어를 하고 있다. 일단은 거부반응이 없다. 어떤 책은 누나처럼 좋아하는 표현도 많이 한다. 그걸로 난 만족한다. 물론 더 빨리 더 잘하는 영어 영재도 있겠지만 복덩이도 이만하면 나는 만족한다. 지금보다도 앞으로 영어책을 많이 볼 테니까 무한하게 뻗어 나갈 것을 믿어 의심치 않기에 말이다. 아이들의 특성이 각자 다르다. 특히, 아들과 딸은 더욱 다르다. 복덩이는 누나만큼 즐기며 하지는 않았지만 나름 영어책 읽는 재미에 빠져드는 시간은 누리고 있다. 집중 듣기를 한 후에 영어 독서기록장에 제목만 적도록 한다. 한 권에서 단어 한두 개는 아니 적어도 제목만 알아도 단어 하나는 알게 된다. 알찬 시간임이 틀림없다. 이렇게 즐기며 알게 된 단어는 일주일 한 달이 흘러도 기억하고 있지만, 학원에서 단어시험을 친다고 줄줄 외웠던 단어는 시간이 지나면 거의 다 잊어버리고 만다고 한다. 그럼에도 불구하고 학원을 보내는 이유는 불안하기 때문이다. 물론 학원에서 좋은 커리큘럼으로 영어공부를 가르치는 곳도 많다. 그러나 초등학생 때부터 당연히 필수 코스로 다니는 것은 고려해 보아야 할 사항이 아닌가 싶다.

영어책도 한글책 읽듯이 습관을 잡아주면 비싼 돈 내가며 학원을 보내지 않아도 된다. 불안하지 않아도 영어로부터 해방될 수 있다. 희망이의 경우 학교에서 하는 영어수업이 매우 흥미롭다고 한다. 특히, 원어민 선생님과 하는 수업이 재미있고 원어민 선생님과 나누는 대화가 특히 흥미롭다고 한다. 그리고 CD로 영어를 많이 들은 덕분인지 잘 알아듣고 발음 또한 원어민 못지않다.

우연히 희망이의 영어책 읽는 모습을 보게 된 이웃의 엄마들이 어디 학원에 다니는지 계속 물어댔다. 그냥 집에서 한다고 해도 못 믿고 또 묻고 또 묻고 세 번을 묻더니 학원에 다니지 않는다는 걸 받아들이셨다. 나중엔 방법을 물어보셨다. 하지만 알려주어도 실천하지 못할 것을 알기에 웃기만 했다. 내가 잘났다는 말이 아니다. 이미 말해 주어도 소용이 없어서 말하지 않을 뿐이다. 오히려 들리는 말은 '별나다' '나중에 어쩌려고' 등 엉뚱한 걱정이 돌아온 적이 있기 때문이다. 무엇보다 나는 잘 안다. 대한민국에서 엄마, 아빠가 영어를 심하게 못 했음에도 불구하고 아이 둘을 영어 학원을 보내지 않고 키우려면 얼마나 강한 신념과 소신이 있어야 하는지를 말이다. 무엇보다 얼마나 외롭게 키워야 하는지를 말이다.

희망이, 복덩이 주변에도 영어책으로만 영어를 하는 아이는 별로 없었다. 단 한 명도 없다고 했다. 저학년 때 잠시 그렇게 하다가 고학년이 되면 불안해서 학원을 알아보고 보내는 사례가 허다하다. 그래서 아무도 하지 않는 방법으로 키우기엔 외로움도 한몫한다. 아낄 수 있는 학원비와 매일 치는 단어시험에 압박감을 느낄 것을 생각하면 그 외로움이 오히려 감사하다. 더욱이 희망이는 고학년이 되더니 지역에서 하는 영어 골든벨도 학교 대표로 나가는 적극성도 보였다. 영어로 출제되는 말들을 다 알아듣고 문제를 맞추어 나갔다. 아쉽게도 수상자는 되지 못했지만 영어를 즐길 수 있는 아이로 자라고 있다는 것을 증명했으면 그걸로 된 거 아닌가?

이 모든 것을 매일 듣고 읽고 보았던 영어책 덕분이라고 생각한다. 시립 도서관에서 빌려오기도 하고 빌려준 책이 재밌으면 구입을 해서 여러 번 반복해서 보았다. 영어도 독서도 수많은 육아서를 읽어보고 따라 할 것이 아니라 참고만 해야 한다. 세상의 모든 아이가 특성이 다른데 어찌 육아서의 아이를 똑같이 따라 할 수 있단 말인가? 따라하면서 왜 우리 아이는 안 되냐고 아이를 잡는 오류를 범해서는 안 된다는 것이다.

100권이 훨씬 넘는 육아서를 읽으면서 똑같이 따라 한 적은 없다. 너무도 대단하게 잘 키워낸 이야기가 많아 귀가 팔랑거렸지만 늘 욕심을 내려놓았다. 천천히 그러나 꾸준히 하는 소신으로 아이에게 맞게 때론 느리게 하려고 애썼다. 그러다가 학년이 올라갈수록 영어가 어려워지는데 어쩌려고 그러나 걱정해 주시는 분이 많다. 하지만 나는 믿는다. 이미 꽤 두꺼워진 영어책을 읽으며 내게 말하기에 "엄마, 영어책이 이렇게 재밌다는 걸 친구들은 알까요?"

엄마의 습관이 아이까지 간다

"생각은 말을 만들고, 말은 행동을 만들고, 행동은 습관을 만들고, 습관은 인격을 만들고, 인격은 운명을 만든다." 라는 말이 있다. 이 말은 모르는 이가 거의 없을 정도다. 이런 좋은 말을 듣고 공감으로만 끝난다면 아무 소용이 없다. 공감을 했다면 실행을 해야 한다.

습관이 결국 그 사람의 인생을 지배한다는 말을 부정할 사람은 없을 것이다. 부모들은 나의 삶은 이제 볼 장 다 봤으니 자녀에게 희망을 갖고 좋은 습관을 갖도록 몰아붙이려 한다. 학원에 이어 하나의 짐을 더 올려놓는 오류를 범한다.

왜 나의 습관부터 되돌아보고 좋은 습관을 만들려고 실행하지는 않을까? 적어도 나는 나 자신의 행복을 위해 지난 4년 전부터 새벽 4시 30분에 기상하기를 정했다. 물론 쉽지 않았지만, 목적을 이뤄낼 수 있었다. 아침형 인간으로 살아가는 사람들은 왜 일찍 기상하는지 너무나도 잘 알 것이다. 수많은 이유가 있겠지만 대표적으로 꼽을 수 있는 것이 나만의 시간이다. 오직 4시 반부터 6시 반까지 2시간은 나에게만 집중해서 나의 시간을 가질 수 있다. 일기도 쓰고 명상도 하고 책도 읽었다. 낮이 길어지는 여름철에는 산책로를 찾아 산책하며 나에게 집중하는 시간을 가진다. 그렇게 새벽 기상으로 인해 내게 생긴 좋은 습관은 독서, 일기 쓰기, 명상하기, 산책하기이다. 모두 나를 사랑하는 시간이다. 그래서인지 기분이 좋아지고 마음의 평화가 오고 삶이 풍요로워진다.

4년부터 새벽에 일어나 일기를 쓰고 책을 읽는 나를 아이들은 처음에 의심도 했다. 정말 엄마가 새벽 4시 반에 일어나는지 확인하고 싶다는 것이다. 그러다 복덩이 녀석은 정말로 알람을 맞추어 놓고 그 시간에 일어나는 엄마를 확인하고는 깜짝 놀랐다. 자신도 일찍 일어날 것이라고 다짐을 했지만 역시 무리였다. 내가 4시 반에 기상하는 습관을 만들고 나니 일찍 잠자리에 들어야 하는 습관이 자동으로 따라붙었다. 될 수 있으면 저녁 약속(특히 술 약속)은 잡지 않고 점심이나 저녁 식사만 하는 것으로 삶을 단조롭게 만들었다. 그랬더니 아이들과 거의 9시가 되면 일상적인 모든 것이 끝났다. 잠자기 전 책 읽기 시간까지 확보가 되면서 적어도 10시 전에 잠자리에 들 수가 있었다. 그리고 아이들은 6시 20분에 일어나 아침 시간을 활용하는 습관을 지니게 되었다. 앞서 소개했듯이 고전을 소리 내어 읽는다든지, 책을 읽는다든지, 영어책을 읽는다든지 하는 습관이 몸에 배게 하였다. 4년이 지나니 습관이 되어 힘들지 않게 할 수가 있다.

남편과 아이와 같은 시간에 일어나면 아침이 얼마나 정신이 없었는지 모른다. 몸도 마음도 바쁘니 어수선하기 마련이다. 출근하는 엄마들의 경우, 얼마나 아침이 엄청난 전쟁인지 잘 알고 있다. 전업 맘, 직장 맘 할 것 없이 1시간만 먼저 일어나면 서두르지 않아도, 고함지르지 않아도 아침 시간이 아주 알콩달콩하게 흘러갈 수가 있다. 큰돈도 안되고 도움도 안 되는 드라마는 다음 날의 행복한 아침을 위해 양보하는 게 어떨지 감히 제안해 본다. 정말로 일찍 잠자리에 들고 30분 또는 한 시간만 가족을 위해 일찍 일어나는 것은 가정의 리더로서 좋은 습관을 넘어 유산을 물려주는 것이나 마찬가지이다.

옛말 틀린 거 없듯이 일찍 일어나는 새가 모이도 먼저 먹는다. 일찍 일어나서 이것저것 하다 보면 배가 고파서 아침밥을 습관적으로 먹지 않으면 안 되는 날이 온다. 공부를 하는 데 있어서 학습효과를 높이려면 아침밥이 얼마나 중요한지는 여러 말 하지 않아도 잘 알 것이다. 이 모든 좋은 습관들이 일찍 일어나기만 하면 가능하다. 어른도 아이도 갑자기 30분 또는 1시간 일찍 일어나라고 하면 힘들어서 3일 만에 포기하고 만다. 하지만 일주일에 5분씩 일찍 알람을 변경하고 2주째는 또 5분을 앞당기면 10분 일찍 일어나게 된다. 그리고 또 5분을 앞당기고 4주째 또 5분을 앞당기면 20분 일찍 일어나게 된다. 그렇게 자녀와 충분히 의논한 후 결정해서 아침 기상 시간을 정하는 것이 실행력을 높여준다.

희망이, 복덩이의 경우 엄마가 먼저 새벽녘에 일어나서 책도 보고 일기도 쓰고 명상도 하고 행복해하는 모습을 보았다. 새벽에 일어나면 뭔가 행복해지는 마법이라도 있다고 의심하는 눈치였다. 아이들 때는 성장도 해야 하니 터무니없는 시간을 제외하고는 아이들 스스로 정하도록 해 주었더니 실행력이 높았다. 그렇게 우리 집 자녀들의 기상 시간은 6시 20분이다.

때때로 놓쳤던 과제를 하는 날도 깜빡했던 준비물을 챙길 수 있는 시간이 넉넉하게 있으니 아직 숙제를 깜빡해서 안 하고 간 날은 없다. 다 해놓은 걸 놓고 가는 날은 있지만, 시간이 없어서 못 한 적은 없다.

새벽형 인간으로 살아가면서 매일 아침 나 자신을 이겼다는 성취감으로 시작한다. 그 성취감에 젖은 엄마를 아이들은 아침마다 보게 된다. 나도 아이도 하루의 시작을 소소한 기쁨과 감사로 열게 된다. 그렇게 습관 하나, 하나를 몸에 익히고 만들어 나가니 희망이는 엄마처럼 되고 싶다고 했다. 엄마를 존경한다는 표현까지 해서 나를 부끄럽게도 했다. 하지만 누구에게 듣는 말보다 내가 낳은 자식에게 존경한다는 말을 들었을 때의 감동은 말로 표현할 수 없다.

돈을 많이 버는 것도 아니고 좋은 직업을 가진 것도 아닌 엄마다. 평범한 일상에 충실하기만 한 내게 자식이 존경한다는 말을 해 올 때 삶이 아름답고 더욱 열심히 살고 싶어지는 것을 느낀다.

나누고 베푸는 뒷모습을 보여라

내가 어린 시절만 해도 시골에서는 논농사도 없는 가난한 집에 더러 있었나 보다. 늘 추수를 끝내시고 나면 자식들 손에 곡식을 들려 농사가 없는 집에 심부름을 보내셨다. 그리고 어김없이 돌아오는 명절에도 빠짐없이 심부름을 보내셨다.

그렇게 나는 내 부모로부터 조금 더 낮은 곳에 나누어주는 뒷모습을 보며 자랐고 이제는 내가 실천해 보이려고 한다.

내 어머니는 새것은 아끼고 아끼다 남을 주고 자식을 주신다. 당연히 당신한테 쓰이는 건 비싼 것은 절대로 쓰지 못하신다. 그런 분이 시장에서 장애인이 파는 양말은 값이 얼마가 되었건 간에 아주 많이 사신다. 그리고 단한 번도 거리의 불쌍한 이를 그냥 지나치는 법이 없으셨다. 나는 그런 부모님의 뒷모습을 보며 지금의 내가 되었다. 감사한 마음이다. 말로는 단 한 번도 어려운 이웃을 도와라. 불쌍한 이웃에게 베풀라고 한 적이 없으셨다. 큰 기부를 하지는 않으셨어도 그때그때 눈앞에 보이는 실천으로 나에게 교훈을 주신 것이다.

희망이가 초등 2학년이 되고부터 적은 금액이지만 희망이 이름으로 정기후원을 시작했다. 그리고 후원단체에서 가끔 받아보는 책자를 보며 세계 곳곳에 어렵고 소외된 사람이 너무도 많다는 걸 알게 된 후 꿈을 가지기 시작했다. 그전엔 선생님, 간호사, 우주인 등등 그냥 재밌을 거 같은 느낌만으로 꿈을 꾸더니 의사가 되고 싶다고 했다. 의사가 되어 어렵고 소외된 곳곳의 사람들에게 무료로 진료를 해 주고 싶다고 했다. 그 이후로 줄곧 희망이의 꿈은 인류에 필요한 의사가 되는 것이다.

복덩이 역시 많은 사람을 도와주려면 돈이 많아야 한다는 원칙을 이유로 기업가가 될 것이라 한다. 아직 과학자, 운동선수로 흔들릴 때도 있지만 돈을 많이 벌어서 힘든 사람에게 위안이 되고 싶다고 한다. 복덩이 역시 1학년이 되면서 정기후원을 시작했다. 지금은 엄마가 빌려주지만 언제가 되었던 받은 용돈에서 정기 후원 금액을 내 보는 건 어떤지 물었더니 중학생이 되면 그렇게 하겠다고 했다. 그렇게 여건이 되면 후원금액을 늘릴 수도 있지만, 반드시 돈이 아니라도 재능기부도 할 수 있으면 함께 살아가는 세상이 아름다워질 것이라고 했더니 아이들도 공감했다.

재능기부 역시 몸소 실천하고 아이들에게 뒷모습으로 말해야 한다는 걸 안다. 그래서 아이들 학교에서 도서관 봉사와 책 읽어주는 엄마, 빛 그림을 토대로 봉사모임을 만들 계획을 하고 있다.

희망이가 1학년이 되었을 때는 학교에 봉사해준 것이 하나도 없었다. 사실은 몰라서 어떻게 해야 할지 하는 것이 좋은지 나쁜지조차 몰라서 못 한 것이 더 맞을 것이다. 그러다 복덩이가 1학년이 되면서 드는 생각이 있었다. 자식을 둘 다 몽땅 학교에 보내 놓고서 봉사하나도 하지 않는다면 내 아이들이 과연 바르게 자랄까 싶은 생각이 들었다. 그때부터 녹색 어머니, 도서관 봉사를 하기 시작했다. 물론 일은 하고 있었던 때였지만 마음을 먹으니 못할 것이 없었다. 자식을 둘이나 맡겨 놓은 엄마 심정으로 봉사를 자청했고 돌아보니 잘한 일이다. 봉사해 보면 알겠지만 자원봉사를 하면 내가 얻게 된 것이 훨씬 더 많다.

우리가 기쁘고 즐거우면 엔돌핀이 뇌에서 나온다. 또 감동적인 음악, 영화, 아름다운 풍경, 사랑하는 사람과 함께 하거나 새로운 진리를 깨달았을 때 등등 가슴 깊이 진한 감동을 할 때 아주 유익한 호르몬이 나온다. 이 호르몬은 엔돌핀의 4천 배 효과를 가져다주는 다이돌핀 호르몬이다. 1998년 하버드대 연구팀이 흥미로운 실험 결과를 발표했다. 사람의 침에는 면역항체가 있어 일반적으로 근심 걱정, 긴장이 계속되면 침이 말라 이 항체가 줄어들게 된다고 한다. 이 연구팀은 하버드생 132명의 항체 수치를 확인한 후 환자들을 돌보는 테레사 수녀의 다큐멘터리 영화를 보여주었는데 결과는 어떠했을까?

놀랍게도 감동한 학생들의 면역항체 수치가 50%나 증가했다는 것이다. 선한 행동을 직접 하지 않고 단지 보거나 생각하는 것만으로도 면역력이 높아진다는 사실이 입증된 것이다. 이른바 '마더 테레사효과' 라고 한다. 마더 테레사 수녀님의 영화만 보아도 글만 읽어도 마찬가지다. 또한 봉사하고 나누고 후원하는 것을 미리 계획하고 생각만 해도 엔돌핀이 생성이 되어 면역력 증진 기능이 향상된다.

봉사활동을 하고 난 후 심리적인 안도감과 만족감은 얼마간 지속된다. 의학적으로도 엔돌핀과 같은 좋은 호르몬이 분비되어 몸과 마음에 활력이 넘치고 건강해지는 것이다. 그러므로 봉사는 타인을 위한 일이지만 봉사를 통해 얻는 기쁨은 결국 나를 위한 것이 되고 나아가서 다이돌핀도 생성이 잘 되도록 이끌어주는 셈이 된다.

도서관 봉사활동을 하면서 또 다른 꿈도 꾼다. 곳곳의 아이들에게 그림책과 이야기의 즐거움, 책의 즐거움을 나누고 싶다.

남에게도 기쁨이 되고 나에게도 기쁨을 주는 봉사를 여기저기서 꽃피울 때 이 세상은 더욱 아름답고 살 만한 세상이 되지 않을까?

함께 도전해야
적극적인 아이로 자란다

하루는 희망이가 학교숙제라며 가져온 것이 있었다. 집안일 돕기와 관련된 설문지였다. 내게 이것저것을 물었다. 나는 그 질문에 대답하기 전에 내 생각부터 얘기해 주었다. 집안일을 돕는다는 말이 조금 잘못된 거 같다고 말이다. 평소에도 집안일을 아빠, 동생과 늘 함께해 오면서 집안일은 엄마가 하는 일이고 나머지 가족 구성원은 도와준다는 건 아주 잘못된 사고방식이라고 일러 준 적이 여러 번 있었다. 그래서 잘못된 생각은 고쳐 나가야 한다고 말해 주었다. 그리고 집안일은 도와주는 게 아니라 무조건 함께 하는 것이라고 말했다. 식사할 때도 누가 먼저랄 것도 없이 식탁으로 밥을 놓은 게 보이면 달려와 수저를 놓는다든지 함께 반찬을 나른다든지 해야 한다고 일러두었다. 그리고 아주 사소한 계란 후라이, 라면 끓이기, 밥 짓기는 스스로 할 수 있도록 키우려고 했다. 결국, 공부도 잘 먹고 잘살기 위해서 하는 것이니 잘 먹고 잘 살아야 더욱 공부가 하고 싶어질 것이라는 생각을 했기 때문이다.

그렇게 우리 가족은 집안의 작은 일조차도 함께하는 것이 습관이 되도록 하고 있다. 그래야 다른 개인적인 것도 '함께' 하는 것이 익숙해지기 마련이기 때문이다. 아주 사소한 것부터 함께 했을 때 어느 단체에 속하더라도 적극적인 자세의 아이로 자라기 마련이다. 물론 궂은일 쉬운 일할 것 없이 적극적으로 하려고 할 것이다.

리더쉽 있는 사람을 고교, 대학까지 원하는 시대다 보니 현시대를 살아가면서 적극성이 빠지면 붕어빵에 팥앙금이 빠진 붕어빵 같은 사람이기 마련이다. 하지만 이 적극성, 리더십도 가정에서 충분히 길러 줄 수 있다고 믿는다. 앞서 밝혔듯이 희망, 복덩이를 특출나게 뭘 더 잘 했으면 혹은 앞서갔으면 해서 돈 내고 시킨 적이 없다. 학교의 방과 후 수업만 하더라도 내가 '이것 좀 했으면 좋겠다'라고 한 것은 단 하나도 하지 않았다. 기타, 마술, 요리, 컴퓨터 등 1년에 1가지 정도를 했다. 모두 스스로 원해서 했다. 심지어 여러 번 애원을 하면 그때서야 배우고 싶은 이유와 배워서 장점이 되는 이유를 타당하게 설명할 때 허락해 주었다. 늘 스스로 원해서 시작했던 방과 후 수업이라 그런지 하기 싫다고 말하는 법이 없었다. 적어도 1년은 꾸준히 하고 난 후 또 새로운 것이 하고 싶다고 했다. 그러면 충분히 동기와 장점들로 부모를 설득시켜야 할 수 있도록 했다. 복덩이도 그랬고 어리긴 했지만 하고 싶은 것과 했을 때 장점이 무엇인지 정도는 판단할 수 있는 나이라고 믿었다. 때문에 스스로 선택하도록 했다. 그때마다 믿어주고 격려해 주었더니 학교 내, 외 활동 또는 대회에도 늘 적극적으로 나서려고 했다.

한 번은 지인이 아이를 먼저 키운 엄마 선배로서 조언을 구한다며 상담을 요청해 왔다. 아이가 반장도 나가고 뭐든지 하겠다고 했으면 좋겠는데 해라고 하는 것마다 안 하겠다고 해서 스트레스를 받는다는 것이다. 부모이다 보니 이해를 못 하는 것은 아니다. 나 역시도 자식 둘 다 아무것도 하지 않고 책만 보고 학교 수업만 열심히 하겠다고 하면 걱정도 되고 묘한 방법을 물색해 볼 것이다. 충분히 이해한다고 하면서 말문을 열고는 가장 먼저 엄마가 내 아이가 반장이 되었으면 하는 마음을 아이에게 들키지 말라고 해 주었다. 엄마의 마음 더 솔직히 말하면 엄마의 욕심을 들키는 날에는 아이들은 부담으로 다가와 아무것도 하지 않게 된다. 그래서 아이가 먼저 반장 나가 볼까요?라고 해도 절대로 얼씨구나 지화자~~ 좋구나! "그래, 나가 봐. 떨어져도 되니까 나가 봐!" 라고 하면 안 된다. 분명 그날 또는 다음 날 아침 말 할 것이다. "그냥 안 나갈래요. 귀찮아요." 또는 "자신이 없어요. 다음에 나갈래요."

그럼 우리는 또 왜 나가보지도 않고 그러느냐 한번 나가 보지도 않고 포기하느냐며 짜증도 냈다가 한숨도 쉬었다가 아이의 기를 있는 힘껏 꺾어 버린다. 나도 모르고 키웠다. 사실대로 말하면 나도 이런 이론은 전혀 모르고 키웠는데 하고많은 날 다 나갔고, 다 할 거라고 했다.

나중에는 은근히 선생님이나 주변 눈치가 보여 지치지도 않나 싶지만, 그것도 내버려 둔다.

희망이 학교는 4학년부터 반장에 봉사위원을 뽑는다. 3학년이 되면 체육부장을 또 뽑는다. 이 체육부장 뽑는 일화를 보며 이 아이가 대기만성형 또는 뭔가 되어도 되겠다는 확신을 품게 되었다. 포기를 몰랐다. 3학년이 되어 체육부장을 매월 한 명씩 뽑았다고 한다. 희망이는 체육을 그리 잘하지도 못하지만 매월 손을 들고 후보로 나갔다고 한다. 하지만 11월이 될 때까지 체육부장이 되지 못했다고 한다. 그리고 10번 정도밖에 할 수 없는 12월이 되어서야 결국 체육부장이 되었다고 한다. 단 한 달도 빼지 않고 계속 도전했고 매번 탈락의 고배를 마셨음에도 불구하고 포기하지 않는 아이였다. 왜 그렇게 하고 싶어 했는지 물었다. 체육부장이 되면 어떤지 모르기 때문에 경험해 보고 싶었다고 한다. 단순한 호기심이라고 하기엔 그 집념은 대단하다고 생각했다. 그리고 이 경험담을 교육청 영재원 자기소개서에 적었는데 덜컥 합격도 되었다.

첫아이지만 이렇게 해라. 저렇게 해라고 키우지 않으려 노력했다. 기다려주고 바라봐 주려고 노력했다. 그러면 늘 이것 하고 싶다. 저것 하고 싶다는 말이 봇물 터지듯 나왔다. 둘째 복덩이 역시 마찬가지다. 복덩이가 하고 싶다고 말하기 전에 이거 배워라. 저것 배워야 한다. 는 말을 하지 않으려고 노력한다. 그랬더니 복덩이도 늘 도전하고 탈락하고 또 도전하고 탈락하는 쓴맛을 보고 있지만 가장 귀한 레슨비 없는 인생 공부라고 믿고 있다.
그리고 남편도 자랄 때와는 다르게 아빠가 되면서 많이 적극적으로 시도하고 도전하는 것 같았다. 늘 가족여행을 제안하고 기획했으며 가족을 기쁘게 해 주어서 감사했다. 또 필요한 공부가 있으면 주저하지 않고 늘 배웠고 자격증 시험도 포기 하지 않고 계속 도전했다.

엄마인 내가 한 도전 중 가장 큰 도전은 이 책 쓰기라고 할 수 있다. 하늘을 우러러 가슴에 손을 올리고 두 아이를 잘 키워 보려고 최선을 다했다. 그러다 보니 이미 독서가가 되어 있었고, 새벽형 인간이 되어 있었고, 일기 쓰는 엄마가 되어 있었고, 현재를 만족할 줄 아는 사람이 되어 있었다. 처음 엄마가 2016년에 책 쓰기를 완성한다고 했을 때 아이들의 반응은 굉장히 생뚱맞은 표정의 얼굴이었다. 장난치지 말라는 얼굴과 말이 지금도 생생하다. 하지만 전혀 기분 나쁘지는 않았다. 이해했기 때문이다. 아이들에게 내세울 거 아무것도 없는 엄마라도 책은 쓸 수 있다고 설명해 주었다. 엄마는 평범하지만, 스토리는 살아있었다. 사교육을 하지 않으면서 제대로 키워보겠다고 결심한 후 노력해 온 흔적들이 살아있는 스토리 아니겠는가? 이렇게 책으로 너희 이야기를 옮길 수 있도록 잘 자라 주어서 감사하다고 했다. 새벽녘에 또는 낮에 저녁에 수시로 노트북을 꺼내 자판을 두드리는 엄마를 보며 내 자녀들은 어떤 생각을 했을까? 내 아이들의 첫 책에서 그 고백을 읽기 위해 미뤄 두려 한다.

이런 엄마의 조금은 색다르고 무모해 보이기까지 한 도전 때문이었을까? 5학년 말이 되어 회장 선거에 출마하고 싶다고 했다. 이미 그 작년 부회장 후보로 나가서 탈락의 경험도 있었다. 그때 "회장은 나가지 마라." 라고 제안했었기 때문에 반대를 거듭했다. 그러다 얼마나 하고 싶으면 내게 말했다. "자식 이기는 부모는 없다고 하는 데, 끝까지 반대해서 저를 이기면 엄마는 친엄마가 아닌 거 아닌가요?" 라는 말로 내게 백기를 들게 해서 회장 후보로 나가 당선이 되었다.

그때 또 한 번 학교와 집을 발칵 뒤엎는 일이 있었다. 학교 화장실이 개선이 필요함을 느꼈다고 한다. 그래서 공약을 '화장실을 개선하는 데 앞장서겠습니다' 로 내세웠고 많은 학생이 그 말을 믿고 찬성을 해 주었단다. 공약은 지켜야 하는 법이기에 골몰했다고 한다. 일단 교육청 교육감님께 화장실 변기를 교체해 달라고 부탁드리는 편지를 써 보겠다고 했다. 발상이 약간 신선했지만 실현 가능성이 다소 떨어지는 듯 했다. 노력한 흔적이라도 나중에 좋은 밑거름이 될 것이라고 위로 해 주며 미적거렸다. 그러자 어른들은 왜 하나같이 해 보지도 않고 안 될 것이라고 생각만 하냐고 답답해하며 발을 동동 굴렸다. 그리고 지금 교육감님은 왠지 학생들을 굉장히 위하는 분인 거 같아서 부탁을 들어주실 거 같다고 하며 편지를 보냈다. 봄방학이 되었고, 학교의 부름을 받고 다녀온 어느 날 교육감님의 답장을 보여주는 것이었다. "보세요. 되잖아요. 왜 해 보지도 않고 안 될 거라고 가능성이 작다고만 하세요." 하며 기뻐 또 한 번 발을 동동 굴렸다. 정말로 이렇게 간단하게 해결이 될지는 몰랐다. 그리고 뜻밖의 교육청 직원의 방문으로 학교에서도 얼마나 당황스럽고 뜻밖이었을까 생각하니 마음 한쪽은 죄송했다. 그런데도 좋게 생각하시고 희망이 덕분에 학교화장실이 개선 된 것에 칭찬을 해 주셔서 감사했다.

그리고 지면을 통해 경상남도 박종훈 교육감님께 진심으로 감사드린다. 얼굴도 모르는 작은 아이의 다소 황당한 편지를 받으시고 진심으로 학생의 안전과 학교의 안녕을 바라는 깊은 마음을 느낄 수 있었다.

아직 대한민국엔 존경받을만한 어른이 계셔서 살만한 세상임을 증명해 주신 것이다. 다시 한 번 경남 교육청 박종훈 교육감님께 존경과 감사의 마음을 전한다.

가훈, 좌우명을 함께 만들어라

즐거운 우리 집 칠훈

① 행동으로 즉시 대답하라.

② 성실하고 정직하라.

③ 늘 준비하라. 그리고 기회가 오면 잡아라.

④ 얼굴에는 미소를, 머리에는 새로운 생각을, 가슴에는 희망을 품어라.

⑤ 나누고 베풀고 보답하라.

⑥ 부모님께 효도하고 형제를 사랑하고 나라를 사랑하라.(그중에 나라가 가장 우선이다.)

⑦ 늘 읽고 써라.

내가 초등학교 때 숙제로 우리 집의 가훈 알아오기가 있었다. 반의 친구들 2/3가 '정직' 이었고 나도 정직이 가훈이라고 써 갔다. 친구 중에는 '착하게 살자' 도 있었고, '열심히 살자' 도 있었던 것 같다. 대부분 가정에서 가훈이 없다 보니 급조해서 아니면 스스로 만들어 온 가훈이었던 것이다. 그때 다짐했었다. 내가 가정을 이루면 반드시 가훈을 정해서 우리 집 가훈을 아이들이 알도록 해야겠다고 말이다. 이제 가정을 이루고 자녀가 둘이나 되었으니 넷이서 둘러앉아 가훈을 짓게 되었다.

예나 지금이나 가훈이 없는 집은 여전히 많다. 있다는 집이 별로 없을 정도이니 말이다.

가훈이란 이름으로 세상에 전해지는 가장 오랜 것은 중국 북제 안지추의 안 씨 가훈부터이다. 당시 5호 16국의 소용돌이 속에 살고 있던 그는 자기 집의 전통을 지키고 입신, 치가의 법을 가훈으로 자손들에게 가르쳤다. 이렇듯 가훈은 한 집안의 조상이나 어른이 자손들에게 일러주는 가르침, 한 집안의 전통적 도덕관으로 삼기도 한다.

시대가 변화하면서 바쁘게 살아가다 보니 정작 나아가야 할 방향에 대해서 깊게 생각해 보지 않고 살아가고 있는 것이 사실이다. 그러나 그럴수록 가정의 역할은 더 중요하고 가훈의 필요성도 더 부각 되어야 한다.

학교에는 교훈이 있고 학급에는 급훈이 있다. 기업에는 사훈이 있다는 것을 알 것이다. 우리가 잃지 말아야 할 삶의 잣대, 방향이 사라지면 가족의 붕괴는 가속화될 수 밖에 없다. 조상님이나 어른들이 일러주는 가르침도 중요하다. 새로운 가정을 꾸미는 신혼부부가 서로의 가치관을 잘 반영하여 가훈을 세운다면 더없이 좋다. 하지만 대부분은 눈앞에 닥친 것을 해결하기 위한 의논을 자주 한다. 부모님 용돈 문제나 자녀계획, 휴가계획, 가정 경제 등을 더욱 중요시하고 가훈은 안중에도 없다. 나 역시도 그랬다. 불과 3년 전이긴 하지만 가족회의를 거쳐 가훈을 함께 정하다 보니 가훈이 7가지가 되는데도 불구하고 가슴에 담고 살아가려고 한다.

신혼 시절이 지났다고 해서 가훈을 지을 수 없는 것도 아니고, 아이가 중학생이 되었다고 해서 가훈을 지을 수 없는 것이 아니다. 어느 가정이든 지금이라도 가족회의를 통해 가훈을 정하는 것은 좋은 일이다.

이렇게 정해 놓은 가훈을 철저하게 지키기는 어렵다. 하지만 우리 집의 구성원으로 살아감에 있어 어디에 가치를 두고 삶을 살아가는지를 늘 생각할 수 있으니 삶의 지표가 되기도 한다. 또 아이들은 가훈이 없는 것보다 있는 것이 훨씬 품격 있는 가정으로 느껴지기 때문에 자존감도 올라간다.

가훈의 필요성은 또 있다. 소중한 사람들이 같이 사는 가정이야말로 일정한 규율이 있어야 한다고 생각한다. 오랜 역사를 가진 집에는 자연 가풍이라는 것이 있어서 무엇인가 그 집에 필요한 역할을 하게 마련이다. 이러한 평화스럽고 번영하는 집을 이끌어 가는 가훈이 있다는 것은 매우 바람직하다.

그 대표적인 예로 경주 최씨 집안을 들 수 있다. 나 역시도 경주 최 씨의 가풍을 본받아 가훈을 짓는 데 영향을 받은 것이 사실이다.

경주 최씨 집안은 30년도 아니고 100도 아니고 300년이나 부를 지켜오면서 노블레스 오블리주의 표본이 되는 현재까지 수많은 사람에게 존경받는 집안이다.

최부자 가문의 자신을 지키는 교훈이라는 육연

자처초연   스스로 초연하게 지내고
대인애연   남에게 온화하게 대하며
무사징연   일이 없을 때 마음을 맑게 가지고
유사감연   성공했을 때는 담담하게 행동하고
실의태연   실패했을 때는 태연히 행동한다.

최부자 가문의 집안을 다스리는 교훈의 육훈

① 과거를 보되 진사 이상 벼슬을 하지 말라
② 만석 이상의 재산은 사회에 환원하라
③ 흉년기에는 땅을 늘리지 말라
④ 과객을 후하게 대접하라
⑤ 주변 100리 안에 굶어 죽는 사람이 없게 하라
⑥ 시집 온 며느리들은 3년간 무명옷을 입게 하라

이와 같은 자신과 집안을 다스리는 육연 육훈이 있었기에 300년 넘도록 부를 이어올 수 있지 않았을까?

또한 가훈을 정하면서 자신의 좌우명으로 삼을 만한 좋은 글귀들을 소개해 주면 좋다. 좌우명은 힘들거나 어려움이 닥쳤을 때 떠올리며 극복할 수 있도록 도움을 준다.

희망이의 경우 "오늘 걷지 않으면 내일은 뛰어야 한다."이다. 이유를 물었더니 미루지 않고 하루하루 성실하게 살다 보면 못 이룰 것이 없다는 생각이 들었기 때문이라고 말했다. 그때가 4학년이었는데 아기 같기만 한 희망이가 이렇게 훌쩍 커서 자신의 좌우명을 설명하는 것이 꿈만 같았다. 복덩이는 "포기하지 말자" 이다. 똑같이 이유를 물었더니 아무리 작은 일도 다음에 해야지 '그냥 양보 해야겠다' '이 문제는 너무 어려우니까 넘어가자' 는 생각이 들 때 마다 모두 포기하는 것이라는 생각이 들었다고 한다. 그래서 학교에서 미술 시간에 나무 조각에 그림 그리기가 있었는데 복덩이는 "포기하지 말자"는 자신의 좌우명을 적어온 것이다. 아주 기특하고 흐뭇한 저녁이었다.

이쯤에서 나의 좌우명을 밝히자면 "물과 같이" 이다. 아이들과 함께 고전을 계속 읽으며 물이란 것에 대하여 깊은 사색에 잠겨 보았다. 물이 얼마나 자연을 대표하는 생명체이고, 자연 전체이며, 가장 겸손하되 때론 가장 강인한 존재라는 것을 조금씩 깨닫게 되었다. 그래서 나는 물과 같은 사람이 되고 싶다는 생각이 들었다. 단, 고여 있는 물이 아니라 흐르는 물과 같이 되고 싶다. 높은 곳에서도 가장 아래까지 흐르는 물 같은 삶을 살고 싶다.

학교폭력이 의심되면
이렇게 도와줘라

희망이는 2학년 때 맹장 수술을 받았다. 학교에서 선생님께서 전화가 걸려왔다. 부리나케 병원으로 데려 갔다. 맹장이 의심이 된다고 초음파를 하시고는 응급수술에 들어갔다. 의술의 발달로 개복이 아닌 복강경 수술로 해서 2일만 결석하고 곧 학교로 갈 수 있었다.

문제는 그때부터였다. 학교에 2일 정도 공백기가 있다 보니 함께 잘 어울려 놀던 친구들이 희망이를 빼고 더 친해 있었고, 그 아이들은 일명 '몰카' 라 해서 희망이가 알든 모르든 자신들의 즐거움을 위해 뒤따라 다니며 키득 키득거렸다. 희망이를 외롭게 만들었다고 한다. 그 이야기는 곧장 하지는 않았다. 2~3일 지나고 나서 슬며시 꺼냈다. 처음 있는 일이라 당황스러웠고 일의 경중을 판단하기가 힘들었다. 일단 아이에게 위로부터 해 주었다.

"아주 기분이 나빴겠다. 엄마라면 왜 몰카를 하느냐고 물어봤을 텐데 그 냥 모른 척해 주기까지 했네."

그러면서 엄마가 개입해서 도와주는 게 좋을지 처음 겪는 일이니 스스로 극복해 보는게 좋을지 물었더니 스스로 극복해 보겠다고 했다. 2~3일이 더 지나서는 괜찮아졌다고 했다. 2학기 상담 때가 되어서야 담임선생님께 말 씀을 드렸다. 담임선생님께 참고해 주시고 지속적인 관심을 부탁드린다고 했다. 그때 담임선생님께서는 어떻게 9살밖에 안 된 자녀에게 스스로 극복 해 보지 않겠냐고 했냐며 희망이가 힘들었을 당시를 생각하며 나의 실수였 다고 조언해 주셨다. 다행스럽게 잘 지나가긴 했지만 그런 일을 겪기엔 육 체적으로도 힘든 상황이었고 정신적으로도 많이 어리기 때문에 담임선생 님께 빨리 알려야 하는 게 옳다는 말씀이셨다. 아이를 맡겨놓은 부모 입장 에서 믿음직한 담임선생님이셨다. 참으로 감사했다. 그리고 엄마인 내가 내 일이 아니라고 늘 밝게 잘 지내왔으니 잘 지나갈 것이라고 안일하게 받아들 인 것이 큰 실수이긴 했다.

시간이 지나고 학년이 올라갈수록 친구관계란 것이 토닥거릴 때도 있고 서운할 때도 있는 것이 정상이라고 생각한다. 아이도 어른도 가장 힘든 것 이 관계이다. 관계 때문에 울고 웃는다. 특히 희망이는 2학년 때의 기억이 작은 트라우마로 남아 있다는 것을 알게 되었다. 친구와 조금만 사이가 좋 지 않아도 2학년 때 생각이 나면서 불안하다고 아이가 말해왔다. 학년이 올 라갈수록 거친 언어와 욕설을 쓰면서 강한 척하는 아이가 생기는 것이 보였 다. 엄마는 늘 아이 이야기에 귀 기울이고 아이에게 관심을 가져야 한다. 아이의 성적과 지적능력보다 눈빛을 바라보며 관심을 두는 게 우선이다.

나는 두 아이 모두 귀가 후 처음 대할 때 얼굴만 보면 알 수 있다. 학교에서 좋은 일이 있었는지, 나쁜 일이 있었는지, 평범했는지조차 말이다. 좋은 일 있었던 날에는 묻지 않아도 스스로 이야기를 잘 해 주지만 나쁜 일이 있었을 때는 당장 말해 주지 않으니 "무슨 일 있었니?" 하고 묻기보다는 안아주며 "오늘도 학교에서 공부한다고 힘들었지?" 하고 기다려 준다. 그러면 그날 저녁 또는 하루, 이틀 내에 반드시 말을 꺼낸다. 여학생의 경우 대부분은 친구관계다. 어떤 상황이라도 일단은 아이의 편이 되어 주어야 한다. 힘들었겠다. 라는 말로 공감이 우선되어야 하는 것도 잊으면 안 된다. 그리고 아이가 다 옳다고 편을 들어준 다음 뒤에 해결책을 함께 의논하는 것이 좋다. 엄마가 이렇게 해봐. 저렇게 해봐. 라고 하면 아이는 따르지도 않을뿐더러 힘든 일이 있어도 엄마에게 말하지 않을 것이다. 이미 고민에 고민을 거듭하다가 말을 꺼낸다는 사실을 잊으면 안 된다. 우리의 자녀들도 엄마를 너무도 사랑하기 때문에 학교생활도 잘하고 친구와 잘 지내고 있다고 말하고 싶지 "함께 다닐 친구가 없어. 내 얘기를 무시해. 애들이……" 이런 말은 엄마에게 차마 전하기 어려운 것이다. 초등 고학년이 되면 더욱 그렇다. 저학년 때는 미주알고주알 낱낱이 알려주지만, 고학년이 될수록 스스로 해결하려고 하고 엄마에게 전해서 실망하게 싶지 않다고 생각한다.

아이가 왕따에서 자유롭기를 바라는가? 절대로 초등 6년을 보내면서 단한 번도 단 하루도 그런 일이 없는 아이는 없을 것이다. 슬며시 때로는 좀 강하게 친구 관계로 힘든 날이 반드시 올 것이다. 그날에 대한 예방과 대비를 하는 것이 좋다. 그 예방은 절대 우리 아이에게는 "그런 일은 없을 거야. 그런 일은 있어서는 안 돼." 의 생각과 태도를 버리는 것이다. 모든 사람이 겨울이 되면 감기 한 번은 하고 지나가듯이 말이다. 서로 다른 각양각색의 미완성된 어린아이들이 섞여 있는 교실에서 어찌 싸우고 다투고 밀어내고 밀리는 일이 없을 수 있겠는가?

감기에 걸려도 잘 이겨 낼 수 있도록 밥을 잘 먹인다던지 때론 건강을 위해 보약이나 비타민을 섭취하기도 한다. 학교폭력도 늘 신경을 쓰고 예방하려고 노력해야 한다. 상황에 직면했다 하더라도 감정을 앞세우기 보다는 이성적으로 판단하여 완만하게 해결하려고 해야 한다. 그 상황에서는 너무 화가 나서 기가 막힌 말들이 오고가고 기막힌 상황이 벌어지는 일이 있지만 참으며 해결하거나 참지 않고 해결하거나 결론은 다 지나간다는 것이다.

아무 일도 없는 사람은 아무것도 아닌 사람이 되지만 어떤 일을 겪은 사람은 그 일을 이겨낸 스토리의 주인공이 된다.

그러나 흉기가 등장한다든지 집단 따돌림이 있었다든지 하는 것은 수위가 높은 편이기 때문에 반드시 담임선생님과 전문가에게 반드시 알리고 도움을 요청하면서 아이가 최우선이 되어야 한다. 자녀에게 늘 관심을 두면 아이의 심경변화, 신체변화를 금방 알 수 있으니 때를 놓치지 말고 적극적으로 살펴야 한다. 그리고 누구의 눈치도 살필 필요 없이 문제가 해결될 때까지 담임선생님과 협력해서 해결방안을 찾기를 권한다. 간혹 무덤덤하게 대처하는 교사로 인해 더 큰 상처를 받는 아이나 엄마를 볼 때면 실망스럽기도 하다. 하지만 선생님께서 귀찮게 여긴다 할지라도 내 아이가 우선이니 해결이 될 때까지 선생님께 도움을 구해야 하고 선생님은 도와야 한다.

가해자는 피해자가 되고, 피해자는 또 가해자가 되는 형국이 요즘 학교폭력의 실태라고 한다. 우리가 어린 시절에도 다툼도 있었고 싸움도 있었듯이 여전히 어릴 때는 싸우면서 자란다. 우리 부모가 먼저 마음을 좀 더 넓게 가지고 '아이들은 좀 싸우면서 크는 존재이다' 하고 마음을 크게 먹어 보자. 피해자가 되었을 때보다 가해자가 되었을 때 더욱 예민하게 반응하고 예민하게 반성하자. 하지만 현실은 피해자가 된 부모님도 가해자가 된 부모님도 너무 큰소리를 치고 있는 형국이다. 이때 가해자의 부모 아이는 부모님을 보며 무엇을 배울까? '아, 내가 그리 잘못한 건 없구나. 난 정당한 행동과 말을 했고 반복 한다 해도 큰 문제 될 것은 없겠구나.' 는 생각을 하게 될 것이다. 가해 행동은 반복될 것이다. 그래서 나쁜 행동은 멈추지 않는 것이다. 자신의 잘못된 행동으로 인해 부모님께서 고개 숙여 사죄하는 모습을 보면 아이는 반드시 변한다.

문제 아이는 없고 문제 부모, 문제가정이 있다고 한다. 이 시대를 살아가는 어른 한 사람으로서 내 아이 안위만 걱정하고 위한다면 내 아이 사회성은 좋을 리가 없다. 늘 아이에게 나누라고 하고 양보해 주라고 가르쳐 주자.

학교폭력으로 안전하기를 바란다면 배려와 양보에 기인하여 실천방법 하나씩을 만들어서 매일 매일 이야기해 주면 좋을 것이다. 우리 아이 경우 학교에 매일 물을 담아 간다. 여름이면 얼음을 가득 채워서 가는데 이렇게 말했다. "혹시 물 안 가져 온 친구가 있으면 같이 마셔라. 달라고 하기 전에 쓱 한번 보고 가서 먼저 내밀어라." 그리고 저녁때 물병을 씻으며 넌지시 물어본다. "물을 나눠 마신 친구가 있니?" 그러면 어떤 날은 "아니요." 하고 어떤 날은 나눠 마셔서 자신은 마실 물이 없어서 목이 말랐다고 한다. 그때 "그래도 기분은 좋지 않았니?' 하고 물으면 웃음으로 대답했다. 물 하나 나눠 마시라고 입버릇처럼 말했을 뿐인데 그때 가장 친구 관계가 좋았던 때였다. 내 아이가 조금 손해를 본다 해도 억울해하지 말고 더 큰 이득을 위해 작은 손해를 본다고 생각하라. 그때 얼음물은 매번 나눠 마신 친구들이 희망이를 아마 학생회장으로 추대해 주지 않았나 생각한다.

실수, 실패는 도전 중이다
격려해주고 기뻐하라

　나는 태어나서 제대로 걷기까지 수도 없이 넘어졌다. 심지어 중학생이 되어서도 넘어졌다. 정말이지 무릎이 성할 날이 없었다. 여름에는 늘 양쪽 무릎이 피투성이 또는 딱지가 앉아 있었다. 수도 없이 넘어진 탓에 지금은 걷기를 잘 할 뿐만 아니라, 친구들은 싫어하는 등산이라는 취미도 갖게 되었다. 늘 어떤 일을 시도하려고 할 때 이 마음을 잊지 않으려고 노력한다. 달리기 위해서는 걷기를 시도하고, 실수하고, 실패할 것이라고, 각오를 갖고 시도한다.

　실패하면 예상했던 일이기 때문에 충격이나 좌절보다는 해결책을 우선 생각하고 다시 도전한다.

아이들에게도 입버릇처럼 말한다. 실수나 실패로 인해 좌절하지 않았으면 좋겠다고. 희망이는 실수나 실패를 긍정적으로 받아들이는 경향이 있다. 복덩이는 경쟁심이 다소 많다 보니 가끔씩 실망하는 기색이 보이기도 한다. 아이가 실망하고 좌절하는 것이 정상인데 대부분은 엄마가 시험 때만 되면 더 예민해져서 시험 문제 하나에 표정이 왔다 갔다 한다. 우리는 어린 시절을 떠올려 보아야 한다. 초등학교 때 시험에서 백 점 받았을 때와 하나 틀렸을 때는 희비가 엇갈리지 않는다. 더 못한 친구도 있기 때문에 한 문제 정도 틀리면 속으로 백 점이나 다름없다고 스스로 위안 삼고 스스로 좋아하지 않았던가? 그런데 어찌 된 세상인지 이제 100점이 아니면 안 되는 세상이 되어 있다. 1등이 아니면 안 되는 세상이 되어 있다. 유치원, 초등학교 부모들은 제발 그러지 말자.

돌 즈음으로써 많이 넘어져야 두 돌에는 달릴 수가 있다. 초등학교 때는 백 점 받고 1등만 한다면 오히려 실수할 기회, 실패할 기회가 없어서 중학교에 가서 실수했을 때 좌절감은 더 크지 않겠는가? 물론 계속 백 점을 받아 계속 1등을 하는 아이도 한 명 정도는 있을 수 있다. 대부분은 어렸을 때 실수와 실패를 경험해야 좌절감이나 허탈감이라는 감정도 배우게 될 것이다. 그래야 시험을 잘못 친 친구의 마음에 공감도 해 주어 겸손함까지 갖추는 인재로 자라지 않겠는가?

여기서 희망이의 3학년 때 체육 시험지를 공개하고자 한다. 100점 만점에 65점을 받아왔다. 그때만 해도 체육도 음악도 미술도 모두 필기시험을 치렀고 3학년이 9과목을 공부해서 쳐야 했다. 솔직히 기가 막혔다. 솔직히 그 점수를 듣고 난 심정이 그랬다. 수업시간에 집중만 해도 3학년 정도 체육은 80점 이상은 되지 않을까 생각했는데 65점을 받았다니 충격이었다. 그런데 엄마보다도 아이가 받았을 충격을 먼저 살펴주지 않은 것이 늘 마음이 쓰였다. 뒤늦게서야 평가가 문제가 있어서 그렇지 너는 체육을 잘 하는 신체구조를 가졌다고 응원하고 격려해 주었다. 더 기가 막힌 사실은 65점을 받은 그 날 체육부장이 되고 싶다고 또 손을 번쩍 들었다는 것이다.

그 말을 듣고 얼굴이 화끈거렸다. 하지만 시간이 갈수록 희망이의 잠재된 그 어떤 능력이 어느 날 무한하게 피어오르리라는 기대감이 생겼다. 시험 점수를 65점을 받으면 어른, 아이 할 것 없이 체육부장을 포기하고 말 텐데 희망이는 도전을 했다. 부끄럽지만 나 역시도 도전을 포기했을 것이다. 희망이는 체육부장을 도전했었고 또 탈락되었다. 그리고 집으로 돌아와서는 웃으며 체육부장 또 떨어졌다고 말했다. 그날 곧바로 따뜻한 위로를 해주지 않았던 것이 늘 미안했다. 생각날 때마다 그 경험을 떠올리며 늘 도전하고 실수하고 실패하라고 한다. 실수하고 실패한다는 것은 무엇이라도 하고 있고 나아지고 있다는 증거이다. 아무런 시도를 하지 않는 것은 아무것도 하지 않는 것과 같다. 집안에서 키우는 화초도 그 작은 화분 속 흙에서 양분을 끌어당기고, 햇빛을 먹고 물을 마셔서 열심히 자라고 있는 것이 보이지 않는가?

우리가 절대 잊지 말아야 할 것은 실수나 실패를 많이 하면 할수록 그 경험을 지렛대로 삼아 더 높이 뛰어 오른다는 것이다.

아직 1학년밖에 되지 않았는데 받아쓰기를 무조건 100점을 받아야 하고 더하기 빼기를 틀리면 빚 걱정하듯 자식을 걱정한다. 하지만 100점을 받은 아이도 70점을 받은 아이도 고학년이 되면 모두가 비슷비슷 하다는 걸 알게 된다. 그러니 60점, 70점을 예방하고 100점을 받기 위한 선행은 그만두자.

유치원, 초등학교 때는 수없이 실수하고 실패하도록 판을 깔아주는 부모가 되어 보자. 그리고 그 속에서 교훈을 찾아 배우고 다시 도전할 수 있도록 희망을 품는 아이가 되기를 꿈꾸자. 이미 우리 아이는 뭘 하려고 하지 않는가? 그 아이는 휴식이 필요할 것이다. 그리고 아이가 먼저 무엇인가 하고 싶다고 입 밖으로 말을 꺼내기도 전에 부모나 주변에서 이거 해라 저거 해라 하며 강제로 무엇인가 도전하게 했을 것이다. 그러니 무조건 휴식이 필요하다. 그리고 가슴에 손을 얹고 아이가 말하기 전에 배우게 했던 것이 있다면 체험학습이라 해도 아이에게 사과해야 한다.

"지나오면서 00이는 하고 싶지 않았고 모르는데 엄마가 먼저 여기 데려가고 저기 데려가서 불편하고 이해도 할 수 없었니? 그랬다면 정말 미안해. 이젠 가고 싶다고 말하고 가기 싫다고 하면 너의 의견을 존중해 줄게."

"혹시 지금 다니는 학원 중에 배우고 싶지 않은데 억지로 다니는 학원이 있니? 그렇다면 너의 마음을 모르고 엄마 마음대로 해서 정말 미안해."

그리고 끊고 싶은지 계속 다니고 싶은지 대화를 많이 하고 결정해야 한다.

아이들은 이제 친구들이 학원을 많이 다니니 학원에 가야 친구를 만나고 학원에 가야 배우기만 하는 게 아니라 놀 수도 있으니 사회성도 길러진다는 말까지 한다. 이 말에 휘둘리고 학원에 다니지 않으면 아이가 사회성도 떨어져 친구와 관계도 좋지 못할 거 같고 두렵고 불안 나머지 일거양득란 생각에 모두 학원을 선택한다. 그것도 엄마가 먼저 선택하고 아이는 동의한다. 이제는 친구 따라 학원 다니고 싶다는 아이를 안심시켜 주는 엄마가 되자. 그리고 학업을 하면서 필요로 하는 순간이 오면 그때야말로 무진장 많은 학원 중에 골라서 활용을 해야 한다. 그래야 100% 학원 효과가 있을 것이다.

우리 아이가 인생을 아주 멋지고 행복하게 살기를 바라는가? 그렇다면 반드시 실수와 실패, 거절을 겪어도 좌절하지 않고 다시 도전할 수 있도록 부모의 사랑을 주어라. 실패할까 봐 또는, 거절당할까 봐 불안해하는 이 두려움은 학습된 것이 아니라 노력하면 얼마든지 극복할 수 있다. 실수와 실패를 여러 번 반복해서 겪으면 우리는 두려움이라는 감정이 프로그램화되는데 이것은 어린 시절에 만들어진다고 한다.

반대로 이 두려움을 극복할 수 있는 감정은 자부심을 갖는 것이다. 두려움을 이길 수 있는 무기인 자부심은 사랑에서 비롯된다.

부모에게 조건 없는 사랑을 충분히 받은 아이는 실수나 실패, 거절을 두려워하지 않는다. 밖에서 실수하고 실패해서 마음이 상해 집으로 돌아오면 사랑으로 치료를 받기 때문이다. 어릴 때 넘어져서 무릎을 다쳐서 피가 나면 우리는 울음 터뜨린다. 아프기도 하지만 피에 대한 막연한 두려움 때문에 운다. 그때 집으로 돌아가 소독을 하고 연고를 바르면서 나은 경험이 있으면 넘어져도 울음을 터뜨리지 않는다. 치료하면 낫는다는 것을 알기 때문이다. 우리나라 부모들은 유독 학교성적과 관련해서는 실수와 실패를 괜찮다고 위로해 주지 않는다. 오히려 실수도 네 실력이라는 말까지 한다. 그래

서 아이가 인식해 버린다. 실패자=실수

실수가 왜 실력인가? 실수는 실수일 뿐이다. 그리고 잘 되려고 노력하는 과정 일부분일 뿐이다. 실수는 두려움 때문에 하는 것이 대부분이다. 아이가 받아쓰기나 시험에서 잦은 실수를 한다면 더욱더 조건 없는 사랑을 해 주어야 할 것이다. 그리고 실수해도 괜찮다고 엄마도 받아들이고 아이에게도 말해 주어야 한다. 친구에게 선생님께 제아무리 실수한 것 때문에 놀림을 당하거나 꾸중을 들어도 부모님이 아이의 마음을 알아주고 괜찮다고 해 주자. 그래도 엄마는 ㅇㅇ이를 사랑한다고 말해 주면 아이의 실수가 줄어들 것이다.

나는 우리 아이들에게 말한다. 어른이 되기 전까지 작든 크든 실수, 실패, 거절을 1000번을 빨리 채워야 한다. 반장에 나가 떨어졌다 해도 한 번, 수업 시간에 문제를 알아맞히려고 손을 들었는데 틀린 답을 말했어도 한 번, 배드민턴 운동을 하다가 상대에게 졌을 때도 한 번, 좋아하는 이성 친구가 생겨서 마음을 고백했는데 거절당해도 한 번, 시험 목표점수를 이루지 못했을 때도 한 번 등등.

얼마나 많은 실수와 실패를 거듭해야 어른이 되는지 자연스럽게 알기를 바라는 마음에서이다. 수많은 실수와 실패를 한다는 건 수없이 시도하고 도전하고 있다는 증거이다. 그렇게 1000번을 채울 때쯤에는 이미 멋진 삶을 주도적으로 살아가는 성인이 되어 있을 것을 굳게 믿어 의심치 않는다.

부모님께 권하고 싶은 책

① 엘리트보다는 사람이 되어라, 전혜성 저
② 섬기는 부모가 자녀를 큰사람으로 키운다, 전혜성 저
③ 아이는 99%는 엄마의 노력으로 완성된다, 장병혜 저
④ 5백년 명문가의 자녀교육, 최효찬 저
⑤ 가족 (진정한 나를 찾아 떠나는 심리여행), 존 브래드쇼 저
⑥ 아이의 사회성, 이영애 저
⑦ 내 아이를 위한 감정코칭, 조벽 외 2명
⑨ 우리아이 괜찮아요, 서천석 저

아이에게 권하고 싶은 책 (저학년)

② 넌 문제야, 김현희 저
② 뚱보면 어때 난 나야, 이미애 저
③ 싸움구경, 안선모 저

아이에게 권하고 싶은 책 (고학년)

① 나는 투명인간이다, 박성철 저
② 양파의 왕따일기1,2, 문선이 저
③ 게임파티, 최은영 저

제5장
일기 (Diary)

일기는 자기성찰지능을 높인다

　자기성찰 지능이란 자신의 감정, 재능 등 자신과 관련된 문제를 잘 이해하고 해결해내는 능력을 말한다. 자기 자신에 대한 객관적 이해 및 지식과 그에 기초하여 잘 행동할 수 있는 능력이기도 하다. 자신의 느낌과 감정을 인식하고 미래를 계획할 수 있는 능력도 해당한다. 자기성찰 지능이 높으면 자기만의 세계를 만들 수 있고, 이를 즐길 수 있는 사람이 된다. 우리의 자녀가 모두 이처럼 해당한다면 더할 나위 없이 기쁜 일 아닐까?

　하지만 현실은 협조적이지 않다. 아이들이 가장 싫어하는 방학 숙제 1위가 일기, 학기 중 싫어하는 숙제도 1위라는 것을 알게 되었다. 나 역시도 그랬기에 아이들 마음을 크게 공감은 하는 바이다.

　그땐 일기의 필요성을 선생님들만 강조했던 시절이었다. 지금은 기록이 중요하다는 것을 여기저기서 홍보하고 있다.

나는 육아서 등의 책에서 이런 정보를 접한 후 자기성찰 지능 역시도 계발이 가능할 것이라 믿었다. 그에 적합한 도구는 일기 쓰기라는 것도 알게 되었다. 하루는 두 아이를 앉혀놓고 이 점들을 낱낱이 이야기한 후 일기는 밥 먹고 양치질하는 것처럼 일상생활이 되어야 한다고 강조했다. 잠을 자려면 양치질을 하고 이부자리

도 펴야 하는 것처럼 일기도 꼭 쓰고 자야 한다고 강조했다. 그래서 여행할 때도, 친척 집을 방문할 때도 반드시 책과 일기장 필기도구가 가방에 늘 기본적으로 들어가 있었다.

어느 날 희망이가 내게 물었다.
"엄마 고민이 생겼어요."
"어? 무슨 고민인지 엄마한테 말해볼래?"
속으론 살짝 놀랬지만 모든 인간은 고민을 안고 살아가는 게 당연하니까 대수롭지 않게 대화를 이어갔다.
"제 인생 전체를 봤을 때 의사가 되기 전까지를 3분의 1이라고 하고, 의사가 되어 희생할 시간이 3분의 1이라고 했을 때 남은 3분의 1을 계속 의사로서 끝까지 삶을 장식할지 아니면 조금 여유로운 노년기를 보낼지 선택을 못하겠어요."
"세상에! 우리 딸이 13살인데, 벌써 그런 생각을 했어? 대단하다. 대단해."
진심이었다. 난 13살에 무슨 생각을 했을까? '저녁밥 반찬이 무엇일까?

'텔레비전 뭐 재밌는 거 하는 날이지?'를 생각했을 것이다. 그리고 아침에 일어나기 싫다. 등등. 정말 수준이 다르다.

어떻게 이게 13살 된 딸의 입에서 나오는 고민이 될 수 있냐고 심리학자한테 물어보고 싶다. 그러나 난 자신 있게 증명할 수 있겠다. 이는 분명 일기 쓰기의 힘이 뒷받침된 것이라고.

몇 해째 새해마다 계획을 세우고 이뤄내기를 반복했다. 하루하루만 계획하고 생각해도 대견스러운 나이인데 이렇게 삶 전체를 그려보다니. 자기성찰을 하는 시간이 많다 보니 여기까지 온 것이 아닐까? 그러다 보니 이렇게 인생 전체를 두고 고민을 하는 아이가 된 것 아닐까?

자기성찰 지능이 높은 사람의 특징을 보면 자신의 현재 상태에 대해 민감하다고 한다. 자신의 기분, 정서 상태를 구별해내고 자신과 관련된 문제를 잘 파악해 내기도 한다. 그리고 자신의 강점이 무엇인지 성찰하고, 강점을 계발할 수 있는 최선의 경로를 만들어 내기까지 한다.

아직 자신의 강점을 계발 할 수 있는 최선의 경로를 만들어 내는 재주까지는 모르겠다. 지금까지도 충분히 만족한다.

매일 또는 한해, 적절한 목표를 세우고 목표달성을 위해 지속해서 자기 반성하며, 삶에서 구체적으로 발현되도록 자기성찰 지능이 높으면 이로운 점이 너무도 많다. 당장 우리 부모들이 가장 원하고 바라는 자기 주도 학습까지도 이루어진다는 것이다.

일기는
자기주도학습으로 이어진다

부모라면 한 사람도 빠짐없이 자녀에게 바라는 가장 큰 바람이 공부 잘하는 것이 아닐까 한다. 이왕이면 스스로 원해서 공부하고 성적도 좋다면 더 바랄 것이 없을 것이다. 공부는 스스로 원할 때 해야 진정한 공부가 된다는 것쯤은 다 알고 있기 때문이다. 그래서 온갖 학습 홍보지에 자기 주도 학습이란 유혹으로 엄마들의 발걸음을 재촉하고 있는 것이 현실이다.

다중지능검사를 하면 자기성찰 지능이 높은 아이들이 자기 주도 학습을 잘 하는 경우가 대부분이다. 이 아이들의 공통점은 학습에 성취감이 높고 좋은 학습 습관을 지닌다는 것이다. 결국, 자기성찰 지능을 계발하고 잘 활용하면 부모들이 원하는 자기 주도 학습을 잘 하는 아이가 될 수 있다. 이 논리는 전적으로 동의한다. 그래서 희망이, 복덩이를 자기성찰 지능을 높이기 위해 부단히도 애썼다.

일기뿐만 아니라 자성 예언을 함께 활용해 보았다. 4년째다. 매일 아침 기상하면 세수하고 양치질을 곧장 한다. 다음 곧장 자성예언을 적당한 크기의 음성과 정확한 발음으로 읽는다. (당연히 지금은 외워서 보지 않고 한다) 그리고 긍정적 단어 30개 정도를 매일 노래로 만들어 불렀다. 예를 들자면 이런 방식이다.

나의 신조

① 나는 나의 능력을 믿으며 어떠한 어려움이나 고난도 이겨낼 것이다.

② 나는 자랑스러운 나를 만들 것이며, 항상 배우는 사람으로서 더 큰 사람이 될 것이다.

③ 나는 늘 시작하는 사람으로서 새롭게 일할 것이며, 어떤 일도 포기하지 않고 끝까지 성공시킬 것이다.

④ 나는 항상 의욕이 넘치는 사람으로서 행동과 언어 그리고 표정을 밝게 할 것이다.

⑤ 나는 긍정적인 사람으로서 마음이 병들지 않도록 할 것이며 남을 미워하거나 시기하지 않을 것이다.

⑥ 나는 내 나이가 몇 살이든 스무 살의 젊음을 유지할 것이며, 한 가지 분야에서 전문가가 되어 나라에 보탬이 될 것이다.

⑦ 나는 다른 사람의 입장에서 생각하고 나를 아는 모든 사람을 사랑할 것이다.

⑧ 나는 나의 신조를 매일 반복하며 실천할 것이다.

나의 수업 태도

① 수업시간에 집중한다.(선생님과 눈 마주치기)
② 숙제를 꼬박꼬박 한다. (빠르게)
③ 질문(수업내용)을 많이 한다.
④ 그 날 배운 것을 복습한다.
⑤ 예습을 한다. (쉬는 시간에 꼭!)

긍정적인 단어로 노래하기는 이런 식이다.

예쁘다 기분좋다 괜찮다 해보자 여유롭다 깨끗하다 잘한다 멋있다 건강하다 간단하다 아름답다 행복하다 따뜻하다 등으로 자성예언 가장 마지막에 30초 정도 하고 마친다. 아주 컨디션이 나쁘거나 몸이 조금 아픈 날도 거르지 않고 했다. 그 덕분인지 아이들이 늘 표정이 밝고 긍정적이고 도전하기를 좋아한다.

초등학교에서는 시험이 많이 없어지는 추세이다. 우리 학교에서는 국, 수, 사, 과는 지필 평가가 시행되고 있다. 시험이 있어야 한다. 없어야 한다는 논하고 싶지 않다. 할 생각이 별로 없다. 이 나라의 국민이라면 모두 대한민국의 교육이 나아지기를 바라는 마음 하나는 똑같을 것이기 때문이다. 어떤 방법이 되었건 우린 아이가 쉽고 편하게 치르길 바랄뿐이다.

희망이 복덩이는 시험날짜가 공지되면 스스로 계획을 짠다. 처음부터 그랬던 것은 아니다. 한 번만 같이 계획표를 짜는 것을 도와주었는데 그다음부터 시험 공지가 되면 스스로 종이 펴놓고 시험 계획표를 짰다. 날짜별로 과목별로 그리고 목표 점수는 항상 100점을 적었지만 100점을 맞을 때도 있고, 한 개씩 틀릴 때도 있었다. 뭐가 중요하겠는가? 스스로 계획을 세워서 공부한다는데. 학원이나 학습지의 도움도 없이 스스로 공부를 하겠다고 교과서를 들고 와서 읽고 노트에 정리까지 하고 있는데. 난 일기 쓰기의 힘이 컸다고 생각한다.

자기성찰 지능을 높여주려 애썼을 뿐, 두 아이는 자신이 타고나서 그렇다고 알 것이다. 어떤가? 난 아무래도 좋다. 힘들게 하든 즐기면서 하든 누군가의 강압이 아니라 스스로 해야 한다는 걸 자각하고 한다면 부모된 입장에서 뭘 더 바라겠는가?

시험 기간이 아니어도 일기장에 항상 중요한 교내대회가 있다든지 중요한 숙제가 있으면 늘 맨 위에 적어 놓는다. '나는 독서대회에서 상을 받는다' 그리고 일기를 다 쓴 후 맨 밑에 중요 1, 2, 3에 하나씩 적는다. 1. 독서대회 책 읽기 2. 6시30분에 일어나기 3. 10시에 자기

수행평가가 있는 날이면 '수행평가 최선을 다하기' 라고 적는다. 그리고 스스로 책을 꺼내 읽는다. 하루도 빠짐없이 내일을 준비하고, 일주일 뒤를 준비하니 딸, 아들 할 것 없이 스스로 무엇이든 하는 아이가 되어간다. 자기 삶의 주인공이 되어 스스로 개척해 나가는 것, 내가 참으로 열망했던 일이다.

초등고학년이 학원도 안 다니고 시에서 주최하는 영어 골든벨에 나가고, 교육청의 영재원에 입학하게 되었고, 학생회장까지 출마해 당선되는 것까지 모두 이 아이가 해낸 일들이다.

농담을 조금만 섞어 말하자면 상장으로 벽에 도배할 정도다. 그러나 결과 중심인 자랑은 금물! 나는 아이를 키우면서 과정에 집중하려고 애쓰고 있다. 이 책 역시 과정을 말하고 싶은 거다. 자식에 대한 사랑만 있다면 누구도 할 수 있다고. 나도 하고 있는데 당신은 왜 못한단 말인가? 아침 일찍 일어나 일기만 썼을 뿐인데 아이들도 자연스럽게 수십 권의 일기장을 쌓아가고 있다. 어느 날 문득 저 많은 일기장을 하나씩 들쳐볼 아이들을 그려보니 입가에 미소가 번진다.

아이의 일기

학창시절 가장 하기 싫었고, 고달팠던 것 중 하나를 꼽으라면 일기가 아닐까 생각한다. 특히 방학이 끝나고 개학이 되면 미뤘던 일기를 쓰느라 많은 아이가 고생했다. 지금도 비슷한 상황인 것을 주변을 보고 알 수 있다. 달라진 것이 있다면 주2~3회로 줄어들었다는 것이다.

현재 우리 아이의 학교는 100% 서술형 시험을 치고 있다. 물론 수행평가도 함께 치지만 지필 평가의 비중도 적지 않다.

맨 처음 서술형 시험이 도입되던 날을 기억한다. 희망이는 4학년, 복덩이는 1학년이었다. 1학년을 너무 어리다는 이유로 서술형이 아닌 그전과 같은 방식인 사지선다형이었다. 그리고 2학년 이상부터는 서술형으로 시험을 치기 시작했다. 결과는 참혹했다. 반 평균이 늘 90점이 넘더니 평균이 60대로 폭락해 버린 것이다. 시험지가 2장이 나오고, 어려워서 한 장은 그대로 비워서 낸 아이도 있고, 시간이 부족해서 다 못하고 낸 친구도 있다고 했다. 우리 집의 경사는 시작이었다. 희망이는 서술형 시험으로 바뀌면서 고공행진이 시작되었다. 모두가 시험점수가 엉망이라 초상집 분위기일 때, 혼자 거의 올백에 가까운 성적을 갖고 온 것이다. 시험문제도 많지 않으니 집에 와서 과목별로 국어는 뭐가 나왔고, 수학은 뭐가 나왔다고 말해 주었다. 답을 어떻게 썼는지도 조사하나 안 틀리고 말해주었다. 서술형 시험이 훨씬 좋고 글로써 설명하고 길게 적어야 하는데 힘들지 않냐고 물으니 그게 왜 힘드냐고 되묻는 것이다.

어떻게 서술형 지필 평가는 희망이 복덩이만 수혜자를 만든 것일까? 그 정답은 바로 일기 쓰기다. 물론 그 속에 책 읽기가 바탕이 되어야만 일기를 힘들지 않게 쓸 수 있다. 희망이의 일기 쓰기는 7세 그림일기부터 시작되었고 복덩이는 1학년 입학하고 4월부터 시작되었다. 그렇게 하루도 빠짐없이 1년 365일 중 355일 이상 일기를 썼다. 물론 중학생인 현재도 일기는 밥을 거르지 않듯이 빠짐없이 쓰고 있다. 복덩이도 마찬가지이다. 어떤 날은 쓸 게 없다고 온갖 인상을 찡그리며 안달복달하는 날도 있다. 그럴 땐 마주 앉아서 학교생활이나 하루 중에 있었던 이야기를 꺼내서 대화를 나눈다. 그런 다음 그 이야기를 일기로 써 보자고 하면 그땐 좀 더 밝아진 얼굴로 일기를 써 내려 가기 시작한다. 나는 아이들에게 일기의 중요성, 기록의 중요성을 많이 설명하고 함께 일기를 썼다. 그리고 책을 읽을 때도 늘 내 오른손엔 수첩과 볼펜이 잡혀 있었다. 메모를 자주 하는 편이었다. 나는 독서 중 감동적이거나 훌륭한 문장을 옮겨쓰는 초서를 하며 즐긴다. 이것도 재미있어 보이는지 희망이는 중학생이 되더니 따라 하는 모습도 보여주었다. 벌써 한 권의 노트가 초서로 빼곡히 채워져 가고 있다.

　저학년 때는 일기 내용이나 분량을 크게 따지지 않고 칭찬과 격려로 꾸준히 쓸 수 있도록 해 주었다. 4학년이 되면서는 일기를 한바닥 꽉 채우라고 했다. 글쓰기의 기본 원칙 중 하나가 일단 많이 쓰기도 포함되기 때문이다. 어느 작가도 말했다. 양이 질을 낳는다고. 아이가 작가가 되라고 일기를 쓰도록 하는 것은 절대로 아니다. 학교공부를 하면서 시험을 치고 만족할만한 결과를 얻으려면 글쓰기는 책 읽기만큼 기본적인 요소이다. 초등학교도 이제 모든 시험이 서술형이기 때문이다. 생각을 글로 나타내는 데 어려움이 있다면 학교생활이 편할 수도 즐거울 수도 없다. 논술학원을 가는 것보다 일기를 꾸준히 적게 하는 것이 여러 가지 면에서 훨씬 장점이 많다. 가끔 자기소개서를 적어야 하는 일도 생기기 마련이다. 가끔 일기에 쓸 내용이 없다고 할 때 가족소개, 친구소개, 고장소개 등의 색다른 주제로 써보게 하는 것도 좋은 연습이 된다.

　희망이는 일주일 중에 4일은 보통 일어나는 일로 일기를 적는다. 하루는 영어 일기, 하루는 독서일기, 하루는 신문 속의 칼럼일기를 쓰고 있다. 4학년 이후에 시작되었는데 지루해하지 않고 특색이 있으니 좋아했다. 특히 영어일기는 길게 적게 하면 득보다 실이 많으니 처음엔 짧게 쓸 수 있을 때까지만 쓰게 했고, 칭찬을 많이 해 주었다. 스스로 사전 찾아가며 이리저리 많이 틀리게 적지만 써 내려가다가 시간이 흐를수록 사전 찾는 횟수가 줄어들었다.

중학생이 된 지금도 물론 완벽한 문장을 구사하지는 않는다. 에세이를 쓸 수 있는 토대라고 생각하며 믿고 기다리고 있다. 무엇보다 즐기기를 바란다. 그리고 독서일기는 독서록의 형식이나 틀을 벗어나 1주일 동안 읽은 책 중에 한 권을 골라 적고 싶은 대로 적는 것이다. 물론 한글일기는 무조건 한 바닥을 가득 채우는 조건이 있지만 독서록과 비교해보면 훨씬 진심이 담겨 있어서 제법 책을 읽어보고 싶은 욕구가 생길 때도 많다. 끝으로 칼럼일기다. 먼저 신문의 칼럼을 가위로 오려서 소리 내어 읽는다. 칼럼 신문지에 중심문장을 찾아 밑줄을 긋고 느낀 점이나 궁금한 점 등을 한 줄 정도 적어본다. 그리고 일기에 쓴다. 거의 조금씩 옮겨 쓰게 되는 일이 빈번하다. 읽고 글로 나타내 보는 것이 얼마나 이로움이 많은지는 수많은 전문가가 이미 수차례 말하고 있다. 칼럼은 주제도 매일 바뀌는 데다가 핫한 뉴스거리로 내용을 실을 때도 많다. 아이가 매일 읽을 수 있다는 것이 아주 흐뭇하고 뿌듯한 일이다. 이 칼럼을 소리 내어 읽다 보니 아이가 학교 수업시간에 가끔 교과서를 읽을 사람에 지목되어 읽었는데 선생님께서 내게 혹시 스피치학원 다니냐고 물으신 적도 있었다. 집에서 일요일만 빼고 매일 소리 내어 읽은 고전과 칼럼 덕분일 것이라고 확신해 미루어 짐작하고 있다.

방법도 알겠고 일기를 쓰면 득이 되는 일도 얼마나 많은지 충분히 알겠는데 우리 아이가 과연 될까? 그것도 매일 쓸 수 있을까? 하는 생각이 들 것이다.

일기도 사실 책읽기 맥락과 동일하다. 부모가 책을 보지 않으면 아이도 책을 읽지 않듯이 부모가 일기를 쓰지 않으면 고학년이 될 쯤 엄마는 안 쓰는데 왜 써야하냐고 반항을 할 것이다. 하지만 우리 아이들은 그 반항을 하기도 전에 엄마가 하루도 빠짐없이 일기를 쓴다는 것을 알고 있었기에 거부나 반항없이 일기를 쓰고 있다.

자신들의 어린 시절에 쓴 일기를 가끔 들춰보며 추억에 잠기는 모습을 보면서 드는 생각이 있었다. 일기를 쓴다는 것은 개인의 역사를 기록하는 것인 동시에 그 사람의 미래를 개척해 나가는 일이다. 그 무엇보다 그 사람의 미래는 누구보다 빛날 것이라는 확신을 할 수 있었다. 쓰지 않던 일기이고 학창시절에도 지겨운 일기를 인제 와서 또 써야 하냐고 푸념하지 말고 자식을 위해 엄마가 못 할 일이 뭐가 있겠는가? 다짐하며 근처 문구점으로 달려가 공책부터 한 권 사라. 그리고 5줄이 되었건 10줄이 되었건 일기를 써라. 단 될 수 있으면 늘 같은 시간 때에 써야 한다. 나 역시도 4년째 일기를 쓰고 있는데 늘 같은 시간인 새벽을 이용해 일기를 쓰고 있다. 오프라 윈프리의 성공 요인 중 하나가 매일 적었던 감사일기라고 스스로 꼽았다고 하지 않던가? 쓸 게 없다면 감사한 것 10가지라도 적어보자. 그리고 일기의 마지막은 항상 긍정적인 글로 마무리하는 습관을 지녀보자. 나의 경우 고되고 힘든 일을 겪은 날의 일기에 주저리주저리 적어 내려가다가 불행도 내 편이고 이 비가 내려야 땅이 더욱 단단하게 굳을 것이라고 되내듯 긍정형으로 마무리한다. 그리고 항상 '나는 날마다 날마다 모든 면에서 점점 좋아지고 있다'를 끝으로 일기를 마친다. 그러면 어느새 기분이 좋아지고 문제가 해결되는 일들이 여러 번 있었다. 모든 불행도 행복도 열쇠는 내가 가지고 있기에 성찰의 시간을 거치면 문제가 해결되는 것이라고 이제는 믿고 있다. 재차 강조하듯이 아이는 부모의 말이 아니라 부모의 뒷모습을 보고 자란다. 아이가 책을 읽기를 바란다면 부모가 책을 잡아야 할 것이고 일기를 잘 쓰기를 바란다면 부모가 일기를 써야 할 것이다.

우리 아이들은 하루도 빠짐없이 다져놓은 일기 덕분에 어떤 서술형 시험도 어떤 글쓰기도 힘들지 않다. 그리고 자신을 소개해야 하는 자기소개서부터 사회생활을 하면서도 우리는 글 쓰는 일이 비일비재하다는 것을 너무나 잘 알고 있지 않은가? 논술학원에서 글쓰기 실력은 좋아질 수 있다고 믿는다면 경험해 보기를 권한다. 단 아니라는 판단이 서면 옆집 엄마한테 의논하지 말고 재빨리 그만두길 바란다. 그리고 엄마와 함께 일기를 써보기를 권한다. 논술학원에서는 일기도 공부처럼 배우기 때문에 절대로 일기를 기분 좋게 쓸 수가 없다. 하지만 엄마와 함께라면 학습보다는 놀이로도 쓰일 수 있다는 점을 활용하기를 바란다.

끝으로 희망이 복덩이 저학년 때는 일기에 댓글을 자주 달아주었다. 선생님께서 일기검사를 꼬박꼬박 하시는 분이 많으시니 매년 봄의 상담 주간 때 양해 말씀을 구한다. 일기에 댓글을 계속 달아주면서 일기 쓰기 습관을 길들여 주고 싶다고 말이다. 모든 선생님께서 긍정적으로 말씀해 주실 뿐 아니라 반 아이들 앞에서 늘 큰 칭찬과 함께 일기를 읽어 주며 이렇게 일기를 적으라고 하신 선생님도 계셨다. 이런 걸 두고 우리는 선순환이라고 하지 않는가? 좋은 습관을 들이면 행복한 선순환이 시작된다.

아들도 일기를 잘 쓸 수 있다

희망이가 일기를 매일 쓴다는 걸 알게 된 지인 몇 명은 말했다.

"딸이니까 그렇지. 아들은 늘 먹는 이야기, 게임 이야기, 했고, 했고, 했다. 또는 참 좋았다. 로 끝난다" 라고. 또 다른 아들의 엄마는 그 일이 반드시 정답이고 교과서듯이 맞다고 맞장구를 치며 위안을 삼는 것처럼 보였다. 나는 이 말을 이해할까? 나도 아들엄마다. 뼛속까지 충분히 아들다운 복덩이 덕분에 그분들의 말을 120퍼센트 이해하고 공감한다. 그랬다. 모두가 아들은 학습하기에 모든 면에서 쉽지 않다고 말했다. 나 역시도 솔직히 둘째는 반신반의로 시작했다. 그도 그럴 것이 희망이는 6살에 스스로 그림일기를 그리고 쓰며 계속하겠다고 신나게 했다. 아들은 관심이 없었다. 7살까지 기다렸다가 파워 레인져 그림이 그려진 그림일기를 한 권 안겨줘 봤다. 한 줄을 적는데 거의 모든 글자가 다 틀렸다. 그래서 아직 멀었구나 하고 과감히 접었다. 하지만 누나라는 환경이 떡 펼쳐져 있었으니 일기를 매일 쓴다는 것은 밥을 매일 먹는 것과 같이 받아들이는 듯도 보였다.

복덩이에게 일기란 저녁밥처럼 매일 해야 하는 행위였다.

아무튼, 복덩이는 1학년 2학기부터 일기를 매일 쓰기 시작했다. 틀린 글자도 많고 글씨도 좋지 않았지만, 칭찬을 많이 해 주었다. 일기와 관련된 책이 보이거나 들리면 얼른 갖다 안겨주는 것만 했다. 이렇게 써라. 저렇게 써라. 왠만해서는 안 했다. 그러다 1학년 학기 말에는 학교 교지에 복덩이의 일기가 실리는 기쁨도 있었다. 앞뒤 문맥의 흐름도 잘 맞고 일기를 너무 잘 써서 선생님께 내내 칭찬을 받았다고 한다. 무엇보다 하루도 빠짐없이 일기를 써오는 아이가 복덩이밖에 없으니 선생님은 두말 하지 않고 교지에 실어주신 듯 하다.

힘들게 일기를 썼는데 학교 교지에 떡하니 실리니 그동안 고생한 보답이라도 받은 듯이 기뻐하였고 나도 칭찬을 며칠 동안 해주었다. 그리고 교지에 실린 일기 덕분으로 더욱 일기를 쓰는 것은 일상생활이고 반드시 해야 하는 일로 자리 잡아가고 있다.

물론 뼛속까지 아들다운 복덩이는 누나와는 다르게 틀린 글자도 많고 글씨도 나쁘게 적는 날이 많았지만 포기하지 않았다. 왜냐하면, 그만큼 일기를 쓴다는 것은 평생을 놓고 보았을 때 중점을 두지 않을 수 없기 때문이다.

일기는 글쓰기의 가장 기본적인 토대이자 중요한 글쓰기 실력을 다져주는 핵심역할을 한다 해도 과언이 아니다. 이 중요한 사실을 알면서도 가정에서도 학교에서도 간과하는 것이 안타깝다.

이순신 장군의 난중일기가 없었다면, 하루하루 적어 내려간 조선왕조실록이 없었다면, 박지원의 열하일기가 없었다면, 역사 속에 중요한 인물은 기록 속에 남아 있어야 가능하다는 것을 우리는 알 수 있다. 이순신 장군의 난중일기가 있었기에 전승무패라는 승전고를 울릴 수 있었다고 믿고 있다. 나는 난중일기가 이순신 장군을 이길 수밖에 없도록 만들었다고 본다. 자신을 성찰하고 계획하는 것을 기록하면서 전쟁을 진두지휘하는 사람과 작전과 회의로만 전쟁을 이끄는 것은 하늘과 땅 차이라는 것이다. 난중일기덕분에 역사에 길이 남는 이순신장군이 계신 것이라고 여겨진다.

복덩이도 야외에서 노는 것을 둘째가라면 서러워할 만큼 좋아한다. 여러 시간을 놀고 들어와도 하루가 너무 짧아서 아쉬워할 정도로 산만함도 있다. 하지만 반드시 꼭 해야 하는 것은 책 읽기와 일기 쓰기 그리고 학교숙제이다. 남학생이면 이 정도면 충분히 학교 생활하는 데 지장이 없을 것이라고 자신한다. 이렇게 소신을 지키되 때론 엄격하게 책을 꾸준히 읽도록 했다. 단지 시간을 지켜서 매일 일기만 쓰도록 했을 뿐이다. 날이 갈수록 일기의 앞뒤 문맥도 제법 그럴싸하게 맞고 소재도 늘 다양했다. 그래서 1,2,3학년때 일기검사를 할 때마다 늘 많은 칭찬을 받아 어깨가 으쓱했다고 한다. 그뿐인가? 그래 그 걱정거리인 아들도 서술형 시험이 되어도 큰 걱정을 하지 않는다.

엄마인 내가 아들의 일기를 읽어보면 알 수 있다. 정말 책 속의 일기처럼 어쩌면 이런 표현을 했을까? 싶었던 적이 한 두 번이 아니었다. 그럴 때마다 복덩이는 동화를 지어도 참 좋겠단 생각을 하곤 했었다.

이쯤에서 2학년 때 일기 속에 적었던 동시를 옮겨본다.

빼빼로

　　　　　이승훈

빼빼마른 과자 빼빼로
이렇게 봐도 저렇게 봐도
빼빼마른 과자 빼빼로.

뚝딱 뚝딱 깨물면
소리가 나면서 부서지는 빼빼로
핥아 먹으면
몸매가 보이는 빼빼로

농구선수 과자 빼빼로
나보다 가늘다면 나와 봐.
나보다 더 길다면 나와 봐.

배드민턴

　　　　　이승훈

탕탕 통통 배드민턴
재미있는 배드민턴
주고 받고
주고 받네

가까이 쳐도 아웃

226

멀리 쳐도 아웃
점프 점프 탕탕
날아 오면 퉁퉁

처음은 재미없다고 하지만
자꾸자꾸 하다보면 재밌어지는 배드민턴
탕탕 퉁퉁 배드민턴
슈욱 슈욱 배드민턴

단 한마디의 조언이나 제목을 알려주지도 않았다. 나중에 알게 된 사실이지만, 동시를 스스로 쓰고 싶어 하는 이유는 글자 수를 조금만 적어도 된다는 장점이 있기 때문이란다. 일기를 다 써놓고 다음 날 보면 이렇게 써 놓았다. 복덩이의 동시를 옮겨놓는 이유는 자랑하고픈 마음보다도 아들도 딸 못지않게 일기를 잘 쓸 수 있다는 걸 알려주고 싶어서다. 우리 아이는 아들의 특성상 좀 어렵다고 지레 포기하는 건 어리석은 생각이라고 말해주고 싶다. 복덩이는 다시 말하지만 까불고 바깥놀이를 둘째가라면 서러워할 만큼 좋아한다. 그 뿐인가? 엉뚱한 소리, 웃기는 말, 행동 많이 해댄다. 하지만 엄마가 이것만큼은! 하는 한 두 가지 정도의 소신 있게 내 아이의 학습에 임한다면 반드시 우리 아이들 못지 않은 자녀를 키울 수 있다고 자신한다. 소신을 갖되 절대로 흔들리지도 포기하지도 말아야 한다. 이 세상이 끝난다 해도 어머니는 포기해서는 안 된다. 그 소신으로 아이를 키우면 글쓰기든 책 읽기든 다 가능하다. 읽기와 쓰기가 되면 학교공부는 그때부터 어려움 없이 해 나간다고 보면 된다. 다만 성급한 선행과 무리한 심화를 하는 사교육만 시키지 않는다면 말이다.

엄마도 일기를 써라

사람이 살다 보면 이런 것이 정말 정해져 있었던 운명이라고 하는 것일까? 하는 생각이 들 때가 있다. 물론 나보다 더 어린 시절에 운명을 받아들이며 살아온 이도 드물진 않을 것으로 생각한다.

1년 전 멀쩡하던 오빠가 교통사고로 세상을 떠났다. 그뿐만 아니다. 아픔이 채 가시기도 전에 6개월 전 너무도 건강하시던 시어머니께서 주무시다가 뇌출혈로 집 밖도 못 나가시는 일이 생겼다. 늘 이런 일은 남의 일만 같고 내 가족과는 무관하다는 생각으로 살아간다. 나 역시 그랬다. 시댁, 친정 양쪽에 큰일이 닥치니 더욱 정신을 차려야겠다는 생각이 강했다. 그러면서 시간이 흐를수록 과연 나에게도 이런 일이 닥치지 말라는 법이 있겠냐는 결론에까지 이르렀다. 내가 갑자기 사고로 이 세상과 이별을 한다든지 뇌출혈로 쓰러지는 상상을 했더니 기가 막혔다. 내가 이렇게 건강하게 존재함에 깊이 감사했다. 그리고 좀 잘 살고 싶어졌다. 내가 돈이 많은 부자는 아니지만, 돈이란 살아가는데 아주 중요하고 소중하게 쓰이는 수단쯤으로 생각하게 되었다. 대신 그보다 훨씬 더 가치 있는 것이 사람이란 걸 깨달았다. 그 소중한 사람에게 이로움을 주는 사람이 되고 싶다는 결론까지 내리게 되었다.

그때부터 더욱 독서에 빠져들었다. 그리고 그때부터 1년 100권을 목표로 독서를 시작했다. 매일 새벽 4시 30분에 일어나 일기를 쓰기 시작했다.

습관이 내 인생을 지배한다는 걸 인정하고 새로운 습관부터 만들기 시작했다. 책 읽는 습관, 성찰을 위해 일기 쓰는 습관, 걷는 습관까지 들이려고 애썼다.

엄마가 늘 새벽에 일어나 일기를 써 놓은 걸 확인하고는 아이들이 그전과는 엄마를 다르게 대하는 걸 느꼈다. 새삼 더 자랑스러워 한다는 것도 말해주었다. 더 중요한 사실은 아이들이 일기 쓰는 걸 너무도 당연히 받아들이고 희망이는 엄마의 일기를 모방까지 했다.

나는 일기장 맨 첫 줄에

"나는 나의 능력을 믿으며 어떠한 어려움이나 고난도 이겨낼 것이다.
나는 늘 읽고 쓰고 배우는 사람으로서 좋은 작가 김은수가 될 것이다.
나는 따뜻하고 지혜로워 거액의 기부 작가 김은수가 될 것이다."

이 세 줄을 쓰고 시작한다. 그리고는 일기를 가득 채운 끝부분엔 늘 긍정문으로 일기를 마치고 나는 날마다 모든 면에서 점점 좋아지고 있다. 저에게 주신 모든 일, 저에게서 일어날 모든 일 모두 저에게 좋도록 하여주셔서 감사합니다. 로 마친다.

가끔 식탁에 덮지 않고 펼쳐진 채로 있을 때 눈 여겨봤는지 나의 일기를 모방도 하며 자신도 첫줄에 무언가의 다짐을 적곤 했다.

나는 맨 끝부분에 오늘의 중요한 일을 매일 적었다. 그래서 중요한 약속이나 해야 할 일을 새벽에 기록함으로써 놓치는 일이 거의 없었다.

물론 쉽지 않았다. 하지만 이런 엄청난 일을 겪고 나니 이렇게 대충대충 하루하루 살아내기가 싫었다. 육아도 남 따라, 삶도 남 따라 하는 건 못난 짓이라는 생각이 강하게 밀려왔고 나는 결심했다. 그리고 그전부터 불교 공부를 조금씩 했었다. 종교를 지렛대 삼아, 결국 3년 넘게 새벽 4시 30분 기상, 매일 일기 쓰기를 해냈다. 처음부터 평생이 아니라 일단 3년만 해보자 하고 시작한 일이었다. 종교는 내가 습관을 갖고 익히는 데 주된 영향을 주었다. 교훈도 주었다. 아마 내가 불교를 만나지 않았다면, 법륜스님을 만나지 않았다면 지금 이렇게 키보드를 치면서 글을 쓸 거라고 생각도 해보지 못했을 것이다. 괴로워하고 미워하고 싸우며 살아가고 있을 것이다. 꼭 불교가 아니어도 좋다. 반드시 종교를 가지면 결혼생활을 하거나 육아를 하는 데 매우 큰 힘이 된다. 좋은 육아서 100권과 같다고 말할 수 있겠다. 물론 갖게 된 종교의 믿음과 깊이에 따라 차이는 있겠지만 없는 것보다는 있는 게 살아가는데 훨씬 유익하다. 종교의 힘을 빌려 살아가면 못할 것이 없다. 새벽 4시 30분 기상도 365일 일기쓰기도 가능해진다.

일기를 쓰면서 좋은 일이 생겼다. 일기를 쓰다 보면 남을 흉보는 일이 줄어든다. 누군가와 의견이 부딪치거나 다툴 일은 누구나 있게 마련이다. 이런 상황을 어떻게 헤쳐 나가느냐가 지혜로운 자와 평범한 자의 차이이다. 조금 화가 나는 일이 있어도 하루만 자고 이튿날 새벽에 일기에 나의 잘못을 먼저 돌아보며 타인의 행동을 살피면 용서 못 할 일도 이해 못 할 일도 없다. 그러면 구태여 남에게 누군가를 흉보는 일은 줄어든다. 물론 모두 그렇게 지나갈 정도의 일만 있는 건 아니지만 일기에 나의 감정과 타인의 행동을 돌아보면 내가 어떻게 행동하고 마음먹어야 하는지는 나타나게 된다. 그리고 일기는 그날그날 해야 할 일을 미루지 않고 할 수 있도록 해준다. 끝부분에 중요 1, 2, 3을 늘 적는다. 습관처럼 적어놓으면 특별히 중요한 게 없는 날에는 일부러 만들기도 한다. 예를 들어 잊고 있었던 소중한 친구에게 안부의 문자라도 보낸다든지 하는 거 말이다. 그러면 또 하게 된다.

이렇게 일기가 내 삶을 조금씩 조금씩 변하게 만들었고, 더 많은 책을 읽도록 만들었고, 아이들이 엄마를 자랑스러워까지 하도록 만들었다. 이제는 새벽에 일어나는 것이 힘들지 않지만 그동안 수많은 헤프닝도 있었다. 하지만 더 늦기 전에 지금도 충분히 나는 꿈을 꿀 수 있고 그 꿈을 가꾸고 이룰 수 있다는 걸 다름 아닌 나의 아이들에게 보여주고 싶었다.

아이들은 부모의 말이 아니라 부모의 뒷모습을 보고 그대로 따라 하지 않는가? 수 십만 원 주고 논술 학원 다녀도 엄마가 카페에서 잦은 만남을 가지면 아이는 좋은 글을 쓸 수가 없다. 늘 쓰면서도 엄마는 매일 친구만나고?

엄마는 또 놀러가면서? 하는 억울한 심정 때문에 공부도 학원생활도 열심히 할 수가 없다. 공부할 땐 공부하는 사람이 가장 그 사람의 심정을 이해하기가 쉽지 않겠는가? 홀아비 마음 과부가 알아준다고 했듯이.

아이와 진정한 대화를 하고 싶다면 엄마도 함께 일기를 쓰고 책부터 읽어라. 지금 책을 접어두고 덮고 일어나라. 그리고 가까운 문구점으로 가서 그럴싸한 노트를 사고 예쁜 볼펜도 사라. 저녁이 될 때까지 아침이 될 때까지 기다리지 말고 지금 써라. 아무 말이나 써라. 그리고 매일 몇 시에 일기를 쓸 것인지 다짐을 일기장 맨 앞 페이지에 적어두라. 그리고 아이, 남편에게 말하라. 엄마가 매일 일기를 쓸 거라고 말이다. 혹시 하루건너 뛰게 되더라도 이틀, 사흘 건너뛰더라도 포기하지 말고 또 써라.

시행착오의 시간은 21일이 고비이다. 작심삼일이라고 했는데 3일이 가장 힘들고 그다음은 7일을 채우기가 힘들다. 그리고 3일과 7일을 모두 무사히 넘기면 그만두고 싶은 일명 '포기해' 악마가 속삭인다. 그만 포기해라고 그때가 딱 21일이다. 이 고비만 넘기면 정말 순탄하게 일기 쓰는 습관을 익힐 수 있다. 그리고 두 달이 지날 즈음인 66일이 되면 정상이라고 보아도 될 것이다. 66일만 아이 낳는다는 심정으로 도전해보기 바란다.

일기를 3년 쓰면 성공할 수 있는 초석을 다져놓은 것이라고 한다. 그리고 10년을 쓰면 이미 성공해 있을 것이라고 한다. 실제로 희망이는 7년 동안 365일 중 350일 일기를 적었고 학교 어린이회장이 되어 학교생활을 하고 있다. 이걸로 그것을 입증해도 되지 않겠는가?

그래서 나에게도 독서 못 지 않게 일기 쓰기가 중요하듯이 아이들에게도 학교공부보다 일기 쓰기가 훨씬 더 중요하다고 강조하고 있다. 왜냐하면, 학교 공부는 아무리 열심히 해도 일기를 쓰게 되지 않지만, 일기는 열심히 쓰다 보면 학교공부를 열심히 하게 되기 때문이다. 어디 학교공부뿐이겠는 가? 무엇이든 성찰의 시간을 갖다 보면 무르익게 마련이다. 하지만 수많은 사람은 그 무르익는 시간을 가질 시간을 예사로 생각하고 무시하고 가지지 를 않는다.

일기는 성찰이다. 성찰의 시간이 얼마나 사람을 성장시키는지 지금 당장 실행해보기를 바란다.

기록이 곧 역사임을 가르쳐라

일기는 그림이 아니라 기록이다. 그리고 기록은 곧 역사이다. 이렇게 중요한 기록의 대표적인 행위가 첫째, 일기라는 것을 강조하고 둘째, 메모이다. 메모 역시 얼마나 중요한지 우리는 쏟아져 나오는 책을 보면 알 수 있다. 이 글에서는 기록과 일기에 관한 이야기를 할까 한다.

조선 초기의 일이다. 태조 이성계가 왕위에 오른 후 어느 날, 자신의 젊었을 적을 생각하며 힘차게 말을 달리면 사냥을 나갔다. 하지만, 이 무슨 망신인가? 그만 말에서 떨어지고 만 것이다. 아프기도 하지만 창피스러운 이성계는 사관(史官)을 제일 먼저 찾아가 손을 잡아주며 이 일을 기록으로 남기지 말아 달라고 부탁하였다.

생각을 해보면 뭔가 이상하다. 기록이 남겨지지 않았다면 우리가 어떻게 이 일을 알 수 있었을까? 하지만 사관은 무엄하게도 이성계가 그 얘기를 하지 말아 달라는 것까지 기록으로 남겨놓았던 것이다. 이성계와 사관의 얘기에서 알 수 있듯이 우리가 사실을 선별해서 기록한다면 후세는 이 사실을 잘 모르게 될 것이다.

이렇듯 바른 역사를 기록하는 것은 매우 중요한 것이다. 사람의 인생도 마찬가지 아닐까? 삶이 끝나면 왜곡되거나 잊혀 지게 마련이다. 단, 그 사람의 기록이 없다면 말이다. 유명한 분들이 삶을 마치면 우리는 잊지 않기 위해 추모행사를 하기도 한다. 하지만 평범한 사람이 열심히 살다가 끝나버린 인생은 그냥 그것으로 끝나는 경우가 너무나도 많다. 가족이나 친구들 정도도 기억하다가 시간이 지날수록 점점 잊게 되고 그 사람이 어떻게 살았는지 어떤 생각을 했었는지 아무것도 남지 않게 된다. 주변을 보면 알 수 있을 것이다. 할머니, 증조할아버지, 외할아버지 등 평범하게 살다가 간 삶은 일찍 삶을 끝냈다 해도 늦게 끝냈다 해도 그냥 서서히 잊혀지는 경우가 많다. 나는 얼마쯤 기억하다 잊혀질까? 물론 잊혀지는 게 두려워서 일기를 쓰는 사람은 없을 것이다. 나는 일기를 쓰면서 자녀들이 보관하거나 읽게 되었을 때, 이런 위기 때는 어머니가 이런 생각을 갖고 판단을 하고 결정을 했음을 느끼도록 늘 생활하고 본보기가 되도록 노력을 하려고 한다. 그 생각과 생활을 일기장에 기록으로 남기고자 한다.

이렇듯 개인의 기록도 역사가 될 수 있다. 내가 어떤 생각을 했고 위기가 왔을 때 어떤 판단을 했고 그 결과가 어떠했는지 일기에 기록을 남기면 알 수 있다. 그래서 누구든지 자신이 살아가는 길이 비단길이 아니라 진흙길이 라도 기록을 남기는 일은 정말 소중하고 가치 있는 일이다.

시댁이나 친정 가족 중에 이렇게 매일은 아니더라도 꾸준히 적은 일기가 전해져 내려온다면 정말 가문의 영광일 것이라고 생각한다. 그런 가풍이나 가보가 없다고 안타까워하지 말고 내가 실천해보면 어떨까? 일기를 쓰면 가장 먼저 내가 좋고 또 배우자도 좋으며 자녀에게는 말할 것도 없이 좋다. 그리고 손자, 손녀, 증손 자녀까지 두고, 두고 읽히게 될 것이니 어찌 좋은 가문이 되지 않을 수 있을까? 우리 할머니는 또는 우리 할아버지는 몇십 년 을 이렇게 일기를 쓰면서 사셨다. 정말 자손으로서 뿌듯하고 감개무량할 것 이다. 오늘부터 아니 지금부터 일기 쓰기를 시작하라.

영어일기도 쓸 수 있다

요즘은 영어 학원을 유치원 다닐 때부터 다니고 1학년부터 영어를 배워 거의 모든 아이가 영어를 잘한다. 대한민국의 거리엔 한글보다 영어 찾기가 훨씬 쉬운 세상이 되었으니 영어 공부하기 참 쉬운 세상이기도 하다. 하지만 우리 아이들에게 영어에 대한 내 소신을 반드시 한글을 먼저 읽고 쓰고 난 그 후로 영어를 배워야 하는 필요성부터 스스로 영어를 배워야 한다고 느끼게 하겠다고 각오를 한 후 학원이 아닌 영어도 한글과 같이 책으로 시작하자고 했더니 좋다고 했고 진행 중이다.

희망이는 현재 중학교 1학년인데 영어 학원에 다니지 않는다. 영어책을 사서 씨디로 틀어 듣고 읽고 본다. 도서관에서 영어원서를 빌려서 씨디를 틀어놓고 듣고 읽기를 10년 째 하고 있다. 넌지시 보고 있다가 제법 흥미로워하는 책은 사 주면 스스로 수 십 번 반복해서 보게 된다. 그렇게 수많은 단어와 어휘를 조금씩 익히더니 4학년이 되던 어느 날 영어로 일기를 써 보겠다고 했다. 기꺼이 해보라며 응원해 주었고 영어로 일기 쓰는 데 도움이 될 만한 책도 사서 안겨 주었다. 그리고 단 한 번도 지적하지 않고 칭찬만 해 주었다. 4줄만 써도 잘했다고 하고 철자가 틀려도 못 본 척했으며 너무 말도 안 되게 써도 그냥 잘 했다고 했다. 그건 내 진심이었다. 겁 없이 영어 일기를 적겠다고 하는 딸이 너무도 기특했고 이때 1주일에 한 번씩 주말을 골라 써 보면 어떨까 했더니 좋다고 해서 6학년이 된 지금까지 쓰고 있다. 물론 지금도 문법이 맞지 않은 문장이 많이 있다. 하지만 어떠랴 영어일기를 쓰면서 기분이 좋은 아이인 것을. 그리고 점점 양도 많아지고 단어를 찾는 횟수도 훨씬 많이 줄어들고 있는데 무얼 더 바라겠냐 말이다. 이렇게 1주일에 한 번씩 적게 된 일기도 시간의 힘으로 또 빛나게 발전하리란 걸 나는 굳게 믿고 있다.

둘째 복덩이도 먼저 영어 일기 쓰고 싶다는 날이 곧 오리란 것도 믿어 의심치 않는다. 누나가 하는 것은 자신도 다 할 수 있고 해낼 것이라고 믿고 있기 때문이다.

영어 일기도 일기 쓰기가 습관이 되어 있지 않은 아이라면 굉장히 어려웠을 것이다. 어쩌면 한 두 번 쓰다가 포기했을지도 모른다. 하지만 매일 일기 쓰는 시간에 토요일은 영어로 일기를 쓰면 되는 것이니 이는 자연스럽게 차곡차곡 쌓여나가게 된 것이다. 사실 무엇인가 꾸준히 해 나가면 어떤 성과가 있어도 있을 것이란 믿음과 기대가 있었지만, 실제 이렇게 일기를 빼곡히 적어놓은 걸 보면 얼마나 대견스럽고 기특한지 모르겠다. 돈을 들이고도 영어일기를 쓰게 하기는 참으로 버거운 일인데 영어책 사는 것 말고는 영어학습에 돈을 전혀 들이지 않고 일기를 써 나가니 이 얼마나 기쁘고 감사하지 아니한가?

물론 엄마표 영어, 잠수네 영어 등으로 두꺼운 영어원서를 줄줄 읽는 아이들이 너무도 많다는 걸 알고 있다. 그렇게 영어에만 올인할 시간도 부족했을 뿐더러 조금 천천히 가도 되겠다는 모든 기준을 우리 아이들에게 맞추며 키워가고 있다. 희망이 역시도 영어 발음은 버터로 밥을 비벼먹은 듯 유창해 선생님과 친구들, 엄마들까지 어느 학원 다니냐고 여러 번 물어온 사례도 있다. 중학생이 되면서 드디어 해리포터 원서를 읽으려 들고 다른 두꺼운 영어책도 읽으려 든다. 됐다. 난 그것으로 만족한다. 여전히 한글 책을 훨씬 많이 읽고 좋아하는 희망이, 복덩이가 나는 자랑스럽고 사랑스럽다.

나는 내 아이들뿐만 아니라 대한민국 모든 아이가 기쁘게 웃으며 자라는 데 돕고 싶은 한사람이다. 사교육을 하면서 학습지를 하면서는 아이는 기쁘게 웃으며 자라지 않는다. 적어도 초등 학교 때에는 친구들과 더불어 뛰어놀고 싸우기도 하면서 또, 멍도 좀 때리고 그러고 나면 책을 자연스레 잡고 읽고 있다. 단 이때는 엄마, 아빠가 TV를 보지 않고 책을 읽는 환경을 만들어 놓는 조건이 붙긴 하다. 반드시 두 사람 모두가 다 그렇게 하지 않아도 가능하니 누구든 이 책을 읽게 되는 엄마 또는 아빠가 시작하고 묵묵히 지켜나가기를 바란다.

기록하면 이루어진다

목표가 확실한 사람은 아무리 거친 길에서도 앞으로 나갈 수 있다.

목표가 없는 사람은 아무리 좋은 길이라도 앞으로 나갈 수 없다.

_토마스 칼라일

2013년부터였다. 새해가 되면서 가족 모두가 각자 계획을 세웠다. 1년 동안 이룰 수 있을 5~6가지 정도의 계획을 세웠다.

나는

① 365일 새벽 4시 반 기상

② 365일 일기 쓰기

③ 책 100권 읽기

④ 편지쓰기

⑤ 부모님께 2일에 한 번 문안 문자 드리기

결과는 1, 2, 3번을 모두 이루었다.

우리 주변에는 수많은 사람이 새해 계획을 세우곤 한다. 다이어트나 담배 끊기가 그 대표적이라고 할 수 있다. 계획을 세우되 세부적으로 세운다면 반드시 이룰 수 있다. 그리고 반드시 계획은 기록해야 한다. 또 주변에 많이 알려야 한다. 어떻게 일하고 집안일에 아이 둘을 키우며 책을 1년에 100권을 읽었냐고 수많은 분의 질문이 쏟아졌다.

'1년에 100권'을 덜렁 세워놓고 마냥 읽었다면 중간에 포기하거나 100권을 다 읽지 못했을 수도 있다. 상반기 하반기 50권씩으로 나누고 매월 10권을 읽으면 1년에 120권이니 계획을 이룰 수 있겠다고 설명을 해 주었다. 그랬다. 세부적인 계획을 세워 놓았었다. 늘 어떤 계획이든 조금만 높게 잡으면 실제 그 목표는 이룰 수 있으니 꿈을 크게 가지라는 말은 헛된 말이 아닌 걸 깨달았다. 책을 읽으면서 책 속의 작가가 읽었다거나 관련된 책들을 읽다 보니 한 권, 한 권 너무도 소중해 독서 노트에 초서까지 해가며 읽기도 했다. 그 노트가 1년에 3권 정도 되었다. 이 모습 또한 큰 아이는 쭉 지켜보다가 따라서 본인도 좋은 문장이나 그때그때 느낌을 적고 싶다고 하였다. 희망이의 독서 노트는 그렇게 시작되었다.

남편 역시도 책 50권을 계획했는데 40여 권을 읽었던 거 같다. 만약 이런 계획을 세우지 못했다면 남편은 아마 2013년도에 책을 5권도 채 읽지 못했을 것이다. 하지만 이 계획을 세우고 난 후 기록해서 집안 보이는 곳에 붙여 놓으니 40권이나 되는 책을 읽어내지 않았는가 말이다. 그 이후 남편은 비슷한 양의 독서를 하고 있다. 특히, 집에서 남편이 책을 잡고 읽고 있으면 어느새 둘째 녀석은 천방지축으로 놀다가도 아빠 곁에서 책을 읽고 있다. 어릴 때부터 이 광경을 수도 없이 봐 왔으니 자식이 부모의 뒷모습을 보고 자란다는 말은 거역할 수 없는 진리인 것이다. 둘째 복덩이는 한글 책 300권 읽기와 영어책 300권 오디오로 듣기를 했고 매일 일기 쓰기도 계획에 있어서 대부분을 이루었던 거 같다. 큰아이 희망이는 이름답게 희망을 주듯이 모든 계획을 다 이루었던 것으로 기억한다. 몸무게 00kg 되도록 잘 먹기까지 다 이루었다.

목표를 세우고 반드시 기록하고 주변에 끊임없이 알리면 계획의 90%를 이룰 수 있는데 가장 중요한 포인트만 요약하겠다.

첫째, 생활의 모든 분야에서 특히 독서 관련 된 목표를 정확히 정하라. 사람들은 대부분 이런 목표가 없다.

둘째, 목표를 정확하고 자세하게 기록하라. 그 목표를 글로 적는 순간 머리와 손에서는 놀라운 변화가 생기기 시작할 것이다. 그리고 매월 1일 큰소리로 한 번씩만 읽어보라.

셋째, 목표마다 데드라인(최종 시한)을 정해 기록하라. 목표가 아주 크면 작은 단계로 나누어 단계마다 데드라인(최종시한)을 정하라.

이 세 가지만 기억하며 목표 설정을 하면 아마 거의 이루지 못할 것은 없을 것이다. 혹시 이루지 못했다 해도 절대로 포기하지 말고 또 도전하고 도전하는 신념을 확고히 하기를 바란다. 에디슨이 전구를 발명하기 전에 1000번의 도전을 했다는 걸 기억하면서 말이다.

부모가 이렇게 끊임없이 도전하고 노력하는 뒷모습은 책 100권보다 자녀에게 주는 교훈이 클 것이다. 어느 순간 자녀가 '엄마처럼 될래요.' '엄마를 가장 존경해요.'라는 소리도 들을 수 있을 것이다. 자식을 낳고 기르면서 부모님처럼 되고 싶다고 하고 존경한다는 말을 들었을 때의 기분을 느껴보고 싶지 않은가? 이렇게 부족한데 나를 존경한다고 하니 멋쩍기도 했지만, 곧 내가 나름 열심히 살고 있구나, 아이의 눈에도 내 삶이 괜찮아 보이면 나는 성공했다고 믿는다.

부모님께 권하고 싶은 책

① 내가 글을 쓰는 이유, 이은대 저
② 메모의 기술, 사카토 켄지 저, 고은진 역
③ MOM CEO, 강헌구 저
④ 데일 카네기 행복론, 데일카네기 저
⑤ 꿈꾸는 다락방, 이지성 저
⑥ 성공하는 사람들의 7가지 습관, 스티븐 코비 저
⑦ 10M만 더 뛰어봐, 김영식 저

아이에게 권하고 싶은 책

① 일기 똥 싼 날, 오미경 저
② 안네의 일기, 안네 프랑크 저
③ 윔피키드, 제프키니 저, 김선희 옮김
④ 난중일기, 이순신 저
⑤ 일기 감추는 날, 황선미 저

글을 마치며

자녀교육에는 정답이 없습니다. 아주 다른 두 사람이 만나 부부가 되었습니다. 아이가 10명이 태어나도 다 다릅니다. 또 타고난 재능도 다르고 신체, 성향 모두 다릅니다. 세상에는 수많은 육아법이 있었고 생겨날 수밖에 없습니다.

내가 아이를 잘못 키우고 있다고 위축되거나 우울해 할 필요가 없습니다. 누구나 처음하는 일에는 실수가 있기 마련이니까요. 이 실수를 반복하지 않는 것이 중요하지요.

엄마라면 오직 나의 육아법이 최고이고 딸이나 며느리가 본받고 싶도록 내 아이에게 맞는 육아를 해 보는 건 어떨까요?

'R.E.P.D 육아법'이란 것을 글로 쓰면서 반드시 이 육아법을 따라 해야 아이가 잘 자란다는 것은 아닙니다. 저의 경우 수많은 육아서를 읽으면서도 우리아이에게 잘 맞겠다싶어 적용하면 좋았던 적도 있지만 좋지 않았던 적이 더 많았습니다. 그래서 계속 육아서를 읽을 수 밖에 없었지요.

실수했던 그 시간을 부끄럽게 생각한 적이 없습니다. 오히려 소중한 시간입니다. 그 실수의 시간이 없었다면 지금의 저, 남편, 희망이, 복덩이는 없을 테니까요.

부모의 시행착오는 실패가 아닙니다. 내 아이를 잘 파악하기 위한 귀한 시간입니다. 될 때까지 연습하고 또 연습하면 됩니다.

글을 쓰는 내내 15년 전으로 돌아가 추억 속에서 지냈습니다. 얼마나 값지고 감사한 시간인지 모릅니다. 희망이, 복덩이를 낳고 기르면서 책에 육아이야기를 담을 것이라고 상상도 해 본적이 없었습니다.

엄마가 된 어른의 앞날도 모르듯 아이의 앞날도 알 수 없습니다. 미리 판단하고 아이에게 실망하지 말아 주세요. 봄에 피는 매화가 가장 아름다운 꽃이 아니듯 5월의 장미도 으뜸이라 할 수는 없습니다.

네, 잘 압니다. 저도 대한민국 엄마니까요.

이 작은 땅에서 자원이라고는 사람뿐이잖아요. 그래서 세계최고의 교육열과 사교육비를 자랑하지요.

잘 생각해 보세요. 불안해서 하는 것이라면, 아이가 하고 싶어 해서 시켜주는 것이라면 지금이라도 멈추시기를 권합니다. 맛있고 달콤한 과자나 사탕을 아이가 원한다고 매번 주시나요? 단호하게 안 된다고 하시겠죠? 그만큼 사교육에 관해서도 확고한 철학이 있어야 합니다. '아이가 원해서' '직장을 다녀서' 다 맞는 말입니다. 하지만 더 강하고 확고한 철학이 있어야 '고, 스톱'을 부모님이 정할 수 있습니다. 성인이 될 때까지는 부모님의 조언도 필요하고 때론 자녀를 멈추게도 해야 합니다. 가정의 원칙이나 자녀교육에 대한 소신이 없다면 마음이 수시로 불안해 집니다. 흔들리기도 하고 힘들고 외롭기도 합니다.

할 수만 있다면 이 책이 자녀교육의 철학을 갖는데 도움이 되었으면 합니다.

이제 TV를 끄고 아이의 손을 잡고 자연으로 나가보세요.

맘껏 뛰놀고 웃도록 해 주세요. 그리고 책을 읽어 주세요. 비가 오는 날에는 자연에 나갈 수 없으니 도서관으로 가 보세요.

두 아이가 아직도 가끔 말합니다.

"엄마가 우리 엄마여서 행복해요." 라고. 왜 그런지 물어보면 친구들은 학교를 마치고 나오면서 또 배우러 간다는 것을 힘들어 한다고 합니다. 그래서 수시로 엄마에게 전화를 해서 "오늘 하루 쉬면 안 돼요?" 묻는다는군요. 이미 학원을 보내 본 아이의 부모라면 아마 경험이 있으실 겁니다. 그때의 흔들리면 마음, '아이가 원한 학원인데 왜 자꾸 하루만 쉰다고 하지? 그만 다닌다고 하지 않고 하루만 쉰다고 합니다. 이미 아이도 불안이 시작된 건 아닐까요? 저는 그 시간에 책을 충분히 읽거나 놀이터에서 놀 수 있도록 해 주면 좋겠습니다. 놀 친구가 없다고 또 걱정합니다. 우리 아이가 놀면 누군가 쪼르르 곁에 와서 친구가 됩니다. 정말 놀 친구가 없어서 학원 다니는 아이들이 많지만 우리 아이가 놀면 금새 노는 친구는 반드시 생깁니다. 복덩이가 4학년까지 놀 친구가 금세 만들어졌듯이요.

"한 사람의 어머니가 백 명의 선생님보다 더 좋은 스승이다."

말이 있습니다. 학교 선생님처럼 아이를 가르치란 말은 아니겠지요. 동서 고금을 막론하고 위인들은 가정에서 지켜야 할 원칙을 반드시 만들어 지킵니다. 가훈처럼 한 가지가 될 수도 있고 경주 최부자 집처럼 여러 가지가 될 수도 있습니다. 이 원칙을 만들어 잘 지키면 어떤 부모라도 아이를 훌륭하게 키울 수 있다고 자신 있게 말할 수 있습니다.

R.E.P.D 육아법도 가정에서의 지켜야 할 원칙이라고 할 수 있습니다.

저의 육아 경험을 글로 써서 처음 아이를 키우는 부모님, 정말 제대로 한 번 키워 보고 싶다고 마음을 고쳐 먹은 부모님께는 더욱 도움이 되었으면 합니다.

저의 책이 백 명의 선생님보다 나은 어머니가 되시는데 작은 보탬이 되었으면 하는 바램입니다.

지금까지 저의 소중한 육아경험을 읽어주셔서 감사드립니다.